JN208195

スッキリ！がってん！
小水力発電の本

橋口　清人・松原　孝史 ［著］

電気書院

はじめに

　日本は使用する資源の約82 ％を輸入しており，資源脆弱国である．そして日本で使用する1次資源のうち約4割弱を電力発生に使用し，残りの約6割強を産業・運輸・民生などに使用している．

　資源を活用するとき，地球規模で問題視されている地球温暖化ガスを発生（マイナスの副次効果）して，環境汚染を引き起こす場合がある．

　電力発生用エネルギー資源の中で，このマイナス副次効果がなく，大量に存在する国産エネルギー資源，それは"水"である．この"水"を，エネルギー資源として大量に活用しているのが，水力発電である．その仕組みは"流れる水の量"と"流れ落ちる落差"により発生する力を，発電機に作用させて電力を発生している．

　日本で最初に事業化された水力発電所は，京都で始まった．その出力は約4 500 kW程度の小規模なもので京都市内の路面電車を走らせたに過ぎない．

　その後の水力発電大規模化はめざましく，1952年頃には，日本における総電力発生出力の約65 ％を水力発電が担っていた．

　しかし最近の日本における総水力発電出力は，我が国総電力発生出力の約8 ％止まりである．

　65 ％から8 ％への数値減少傾向を，技術の進歩（水力発電の装置効率改善や1日のピーク電力消費急増に対応する揚水発電方式の開発）だけで止めることはできない．

　しかも，我が国の大規模水力資源として利用できる適地は，ほぼ

開発し尽くし，新たな大規模水力発電所建設は不可能である．

その後，多くの原子力発電所が建設されたが（国内17原発，54基：その出力は国内総電源出力の約28 %），2011年3月の東日本大震災以降，数カ所を除いてその大半が停止している．

その他，新エネルギーとして分類される太陽光，風，地熱，波，潮などもあるが、日本ではエネルギー利用規模が小さい．

一方，日本の消費電力は2010年頃をピークとし、それ以後減少傾向にあるが，その減少割合は小さくほとんど横ばいに近い．

結局，日本の電力事情は，需要に対し余裕がない．近年，そのことを打開する国策として，国内に開発の余地を見込める小水力発電の開発を推奨することになった．このことが本書の表題となっている．

本文の
1編では水力発電の歴史を示した（橋口が担当）．
2編では水力発電にかかわる基礎知識を示した（橋口が担当）．
3編では小水力発電の実際を示した（松原＆橋口が担当）．
・巻末付録の数式的説明（橋口が担当）．

本書の本文では，できるだけ数式的説明を避けて平易な内容とし，数式による説明は付録に記述した．

本書をまとめるにあたり，橋口が一時期体調をくずし，電気書院編集部の近藤知之様には大変お世話をいただきました．付記して謝意を表します．

令和元年11月　著者記す

目　次

1 小水力発電ってなあに

1.1　水力発電の始まり

　日本最初の「水力発電」は，琵琶湖から京都市まで引き込んだ疎水の一部を取水して始まった（1891年：明治24年）．京都市の有名な観光地「南禅寺」のすぐ近くにある「蹴上発電所」である．

　図1・1に当時の水の引き入れと発電の仕組みを概容で示す．

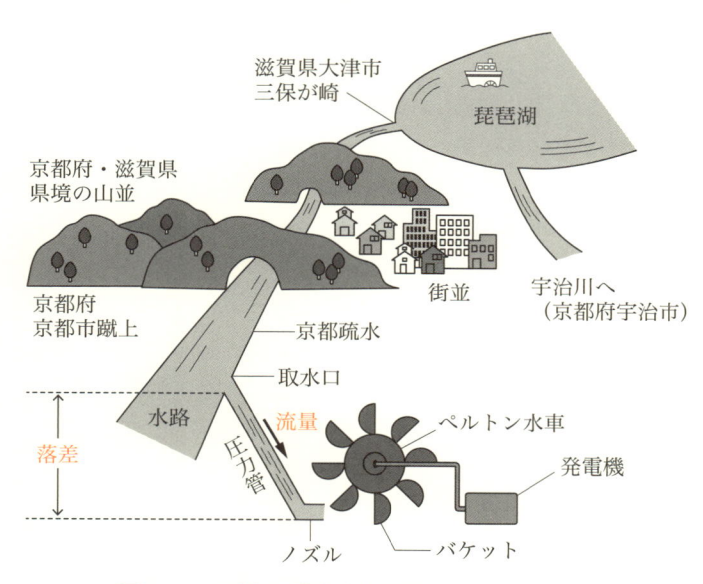

図1・1　日本初，蹴上水力発電所の水路と仕組み

1　小水力発電ってなあに

　大津市から京都市までは山並みや街が存在する．そこにトンネルを主とした用水路を建設し，琵琶湖（滋賀県）の水を京都市へ引き込んだのである．この疎水建設は京都市の総合的発展を目的として，水道用水，灌漑，工業用水，工場用水車動力，水運などの多目的水路として計画されたものである．

　「水力発電」は当初計画に含まれていなかったが，建設関係者の外国視察情報により急遽この計画に追加されたのである．この京都側水路に取水口を設け（京都市の蹴上），約34 mの落差の圧力管により急流を得たのである．加速された水流をノズルから吹き出し，その力をペルトン水車のバケットに衝突させた．水車の回転により発電機を稼働し，日本最初の水力発電が始まったのである．

　圧力管は流れ落ちる水流が飛び散らないように拘束し，管内の圧力向上を目的としたものである．

　当初は，最大出力4 500 kWの発電であったが，発電した電気で京都市内に日本初の路面電車を走らせた．また，周辺の紡績工場などの動力としても利用され，産業発展の一助となったのである．まさに電力の「地産地消」の発電である．しかも「地元創成」に役立った

コラム　マイルストーン

マイルストーンは，電気電子技術者協会（米国に本部）が「社会や産業発展に貢献した歴史的偉業で，25年以上に渡って世の中で高く評価されている実績があるもの」に与えられる賞である．

　国内では28件（世界で169件）が認定されて（2016年9月現在）いる．

　今までの国内認定例を挙げると，「世界初の電子式水晶腕時計（セイコー），初の日本語ワードプロセッサ（東芝），ハイビジョンTV（NHK）」等々がある．

ものであり，本書のテーマである「小水力発電」そのものであった．この蹴上水力発電所は2016年に，マイルストーンに認定された．こうして始まった発電所取水口から水車までの水を送る仕組みは，初期のままで，いまもこの場所で発電が続けられている．

　図1・2に日本最初の水力発電所（蹴上水力発電）関連施設＆設備の一部を紹介する．(a)に，発電所関連建家（現在）の一部を示す．現地に行けば，写真に示すように，十分当初を思いおこせる古い建物が一部残っている．(b)に，当初のペルトン水車と発電機を示す．発電所近くの「琵琶湖疎水記念館（京都市上下水道局管理）に展示されているものであり，水車のそばに立つことができる．水車の直径は

(a)　日本最初の水力発電（蹴上発電所），関連建屋の一部
　　　（関西電力株式会社：写真撮影＆掲載許可）

図1・2　日本発の水力発電所関連施設，および設備

(b)　当初の水車（ペルトン），および発電機
（京都市上下水道局：写真撮影＆掲載許可）

図1・2　日本発の水力発電所関連施設，および設備のつづき

2.4 m である．横には当初の発電機も展示されており，当時の稼働ぶりを十分推しはかることができる．

　この発電所では，水車こそペルトン水車からフランシス水車（後述：3.2参照）へ取り換えられているが，いまなお運転継続中なのである．

1.2　水力発電所の出力増加方策

　1.1のようにして始まった水力発電の仕組みは，昔も今も変わらない．その後の，発電量（水車回転速度に関係）増加に向けた方策としては，二つに大別される（実際の詳細な分類は，後の2.2に述べる）．

　その一つは，図1・1より明らかなように［落差×流量］の数値が大きいほど水車の回転速度が速くなり，発電量は増加する．この増加策に，近年ではダムによる貯水が利用されるようになった．いま一つは

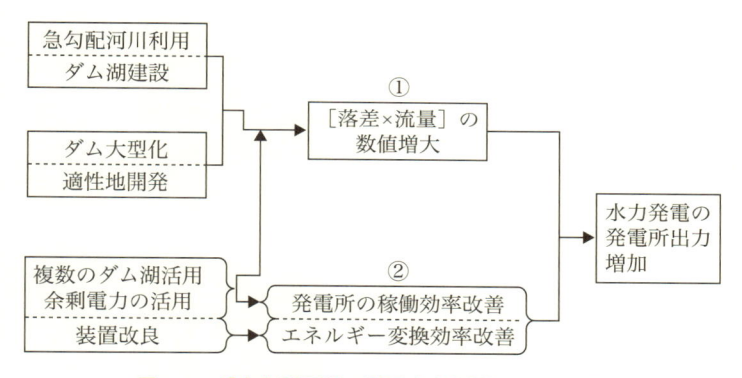

図1・3　「水力発電所の発電出力」増加とその方策

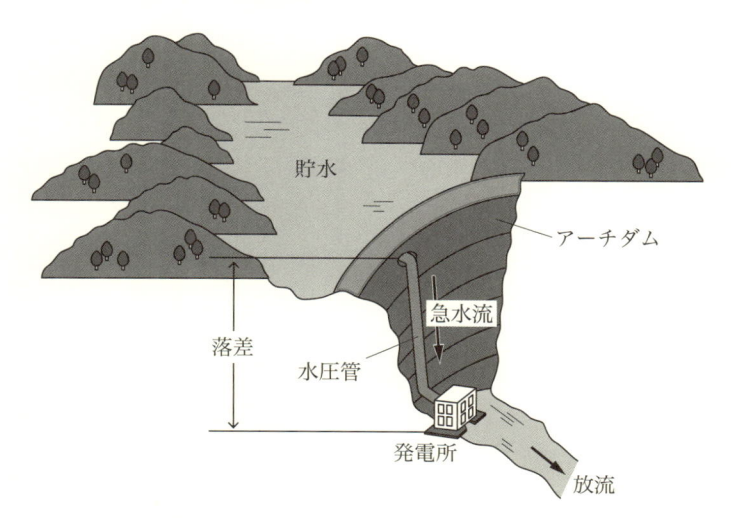

図1・4　ダムによる落差と急水流の確保

［装置改良と，複数ダム活用など］により効率を改善する方策である．

　図1・3に，「水力発電所の発電出力」増加の主な方策をまとめた．①に関しては河川の急勾配利用，ダム湖建設，その大型化適性地開

発などによりおこわれる方策である．図1・4に山間を流れる河川と
自然の地形を利用したダム湖の様子を示すが，莫大な貯水量を見込
むことができる．同図のように「貯水」のところでは高い水位が得ら
れる．ダム上部から圧力管により引き込む水は，下の低地へ建設し
た発電所まで大きな「落差」で流れ落ちる．また大量貯水のダム湖か
ら引き込む水は，大きな「流量」を得ることができる．

　しかし，ダムの大型化に対する適性地は，近年奥地化が進み開発
が困難になってきた．奥地化は，ダム建設費の増加，遠距離消費地
への送電設備建設費やその保守経費が高額になること，さらに遠距
離消費地への送電損失も大きくなるのである．

　急勾配河川からの水路引き込みによる，落差の確保は後に述べる．
一方②については水車などの装置改善（設備技術開発）による発電所出
力増加はもちろんであるが，発電所稼働向上による出力増加を上下
二つのダム貯水を有効に活用する大規模「揚水発電方式」により実用
化している．図1・5に，「揚水発電方式」の仕組みとその役割を示し
た．「揚水発電所」は上下に二つ，ダムによる貯水湖を有している．

　電力会社は，昼間の工場などが多く稼働するピーク電力消費時間
帯（ほぼ8時〜17時頃）に対応する発電所として，水力のほかに数多
くの化石燃料火力発電所を建設している．

　夜間，低消費電力時間帯では，これらの発電所が設備過剰の状態
となる．火力発電は高温の熱発生に時間を要し，その保持が必要で
ある．夜間に一時停止することはできない．また，電気は保存して
おくことができないので，この間の火力発電所処置に困るのである．

　そこで夜間もこれらの過剰発電所を運転し，下部ダム湖から高所
のダム湖へ大量に揚水する．電気エネルギーを高所貯水として保存
するのである．そして昼間のピーク消費電力時間帯に，高所ダム湖

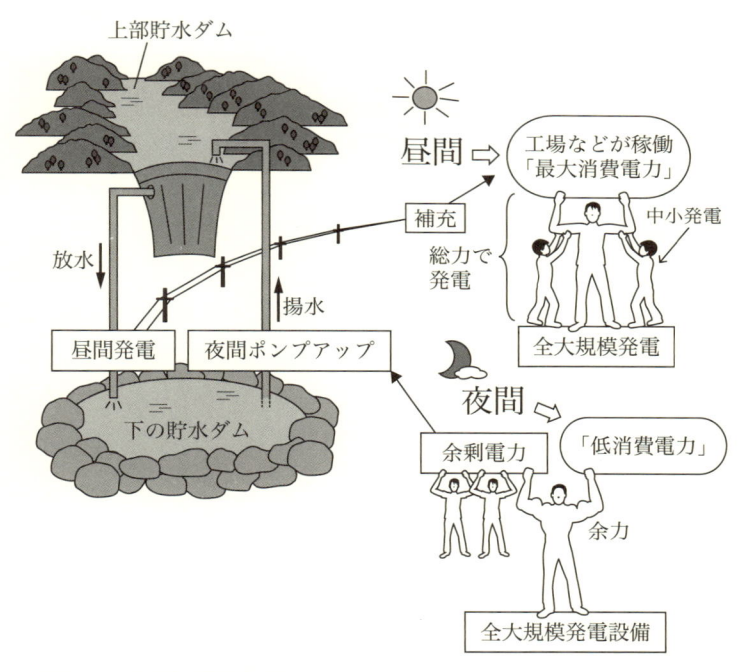

図1・5　揚水ダム湖による水力発電（揚水発電）の仕組みとその役割

から下部ダム湖へ短時間に大量放水し，大規模発電をおこなう．

　結局，揚水発電方式の威力の一つは，昼間の短時間大量発電と夜間の発電停止である（水力発電は運転・停止の繰り返しが容易）．

　日本最大の水力発電もこの「揚水発電方式」である．

こうして得られる短時間（ほぼ8時〜17時）の大規模発電電力は昼間のピーク電力消費地域へ送電され，ピーク電力需要を大きく支えている．このことが「揚水発電」の二つ目の威力である．言い換えると「揚水発電」は，夜間の過剰火力発電所の運転を可能とし，火力発電

所全体の稼働効率向上に効果があるといえる.

1.3 水力発電の規模と発電量

その後,昭和35年(1960年)頃までは,日本の総発電電力量の50%以上を「水力発電」が占めていた.そのころは大規模「水力発電」の開発が主流であり,大型ダムによる「落差と水量」の拡大を求めて探索がつづけられた.開発適性地は奥地化が進み,初期投入建設費用がますます大きくなった.また遠距離消費地へ送電するために,種々の悪条件が生じることは前にも述べた.

図1・6は出力の観点から見た水力発電開発の経緯とその規模である.水力発電は小水力発電の出力規模から始まり,日本経済の発展と共に大規模化してきたのである.

一般水力の大規模化は河川水流をダムでせき止め,大量の流量を一気にダムの下まで落下させる方式が主流である.日本最大出力の水力発電所としては,福島県の奥只見発電所がある.1960年に一部運転を開始し,2003年に日本最大出力の発電所として完成した.

そして,さらに大規模出力を可能にしたのが揚水発電である.

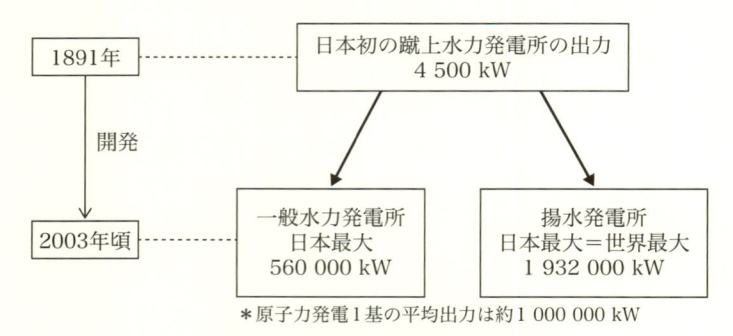

1891年	日本初の蹴上水力発電所の出力 4 500 kW

開発

| 2003年頃 | 一般水力発電所
日本最大
560 000 kW | 揚水発電所
日本最大=世界最大
1 932 000 kW |

＊原子力発電1基の平均出力は約1 000 000 kW

図1・6 水力発電の大規模化

揚水発電については，後に詳しく述べる．日本最大出力の水力発電もこの方式である．兵庫県の奥多々良木揚水発電所は1974年に一部運転を開始した後，1998年には日本最大出力の水力発電所として完成している．

これら大規模化した水力発電所の出力は，原子力発電一基の平均出力よりかなり大きなものである．後に述べるが燃料輸入国である我が国にとって，水力発電は燃料いらずの発電方式であり多用すべき方式である．その結果，水力発電を電力構成の中心とするために大規模化の開発が行われたことは自然の成り行きであった．

残念なことに，1965（昭40）年ころからは大規模化適性地の開発がほとんど終わり，「大規模水力発電」の開発は極端に減少しはじめた．2003年以後は，ほとんど望めなくなってしまったのである．

2005年頃には，小水力利用推進協議会の開催や，関連のシンポジウムなどが開かれ注目されるようになってきた．いまでは政策としてかなりの補助支援がなされ，その開発を促進している（後述の1.4(ii)参照）．

2005年頃からは，水力発電の重点的開発として特に小水力発電（10 000 kW以下）がとりあげられるようになった．

結局，大規模化にゆきづまり，仕方なく当初の小規模の発電所を開発することを政策的に押し進める方針へ切り替えたのである．「ゆきづまりの打開策は，基本に戻れ！」の思いがする．

図1・7は日本の総発電電力量に対する「水力発電」電力量の割合の推移を示したものである．1970年頃から発電単価が低い化石燃料発電，そして原子力発電を加えたものが主流となり，2010年頃から「水力発電」は日本総発電量の約8％止まりと低くなってしまった．

一方このころから，日本経済の高度成長の伸びにもかげりが見え

始めた．その時代をエネルギー面から支えてきた電力も，2010年に発生電力量が最高値にまで達して以後，下がり気味である．

　そこへ，2011年3月の東日本大震災の発生である．その被害は甚大であり，日本の電力事情も大変大きなダメージを受けた．すなわち福島原子力発電所の破壊と国内原子力発電所の全面停止である（後述の1.5(ii)参照）．

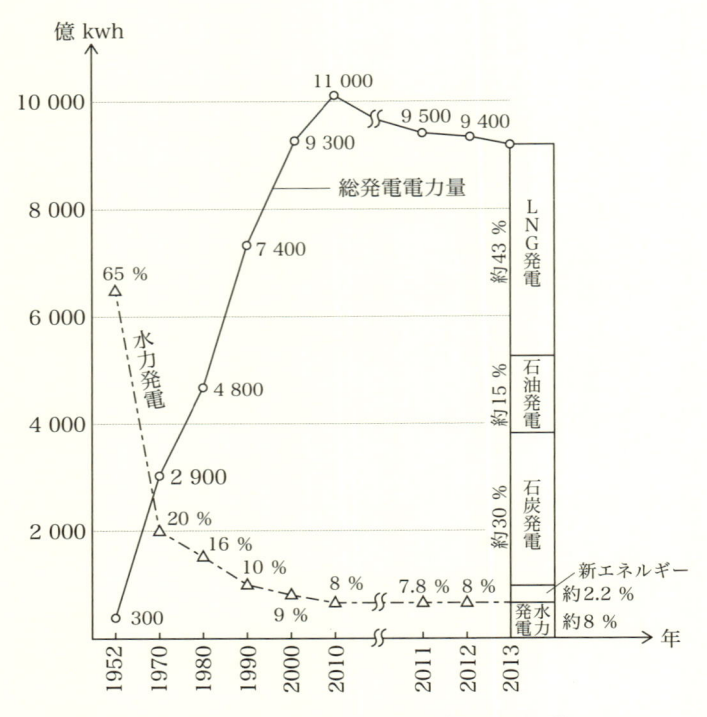

経済産業省『エネルギー白書2015』（図【第214-1-8】）をもとに作成

図1・7　日本の総発電電力量の推移

　その代替発電は化石燃料による火力発電を急増させておこなっている．この化石燃料消費は環境汚染を引き起こす．少しでも早くこの方式の発電急増を解消すべきである．以前より，環境汚染の観点から自然エネルギー発電の必要性は言われてきたことではあるが，東日本大震災以後なおさらにその発電電力量の増加が望まれているのである．

　現在，自然エネルギー発電の中で最も発電量が多いのは水力発電である．しかし既述のように，なにか新しい観点に立った水力発電の開発を進めなければ，その電力量の大幅な増加を望むのは無理な状態にある．ここに，ほとんど開発が進んでいない領域の「小水力発電開発」が必然的なものとして強化されるようになってきた．たとえば山村のエネルギー未利用の河川水を活用し，その地域の電力供給を支援するなどがその例である（図1・8）．

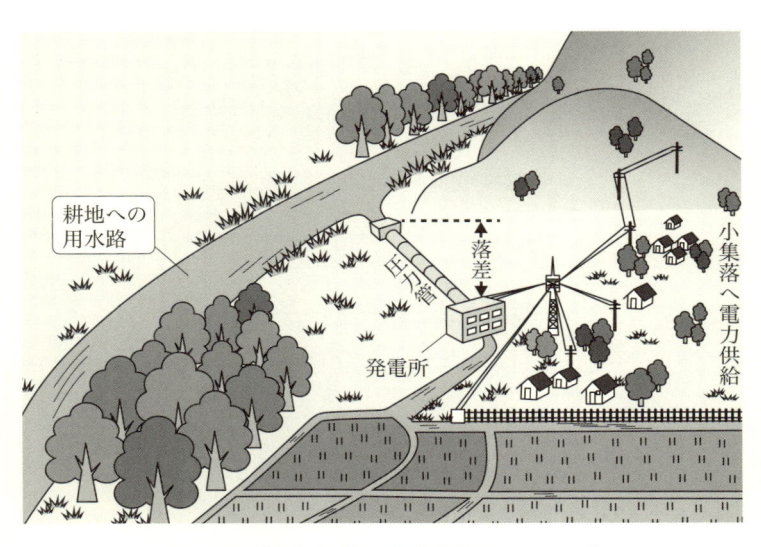

図1・8　「地産地消」の小水力発電のイメージ

1 小水力発電ってなあに

　今後は農業用水や未利用の河川水などを活用した「小水力発電」を応用していくことが重要な事項となる．したがって，「小水力発電」は地域と密接に関連している場合が多く，いわゆる電力の「地産地消」の意味合いが強く地域活性化に役立つものである．このような観点から今後ますます「小水力発電」の開発が盛んとなってくるであろう．

　図1・9は，地域創成に効果的な鹿児島県の小水力発電建設の例である．図の(a)は，電力の「地産地消」型の場合で，小水力発電出力の売電収益を地域に還元している．図の(b)は，小水力発電建設の取水口が土砂災害発生地域であったため取水口工事と河川改修の同時施工が可能となり，地域の防災と小水力発電建設による地域機能向上

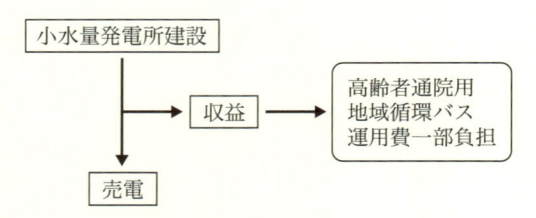

(a)　収益還元による地域創成（鹿児島県）

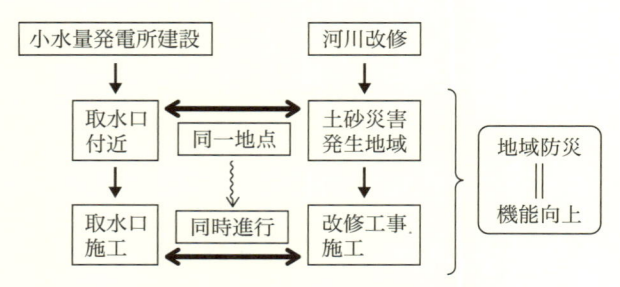

(b)　地域防災工事並進による地域創成（鹿児島県）

図1・9　「小水力発電所建設」と「地域創成」[1]

が同時進行できて，地域創成に効果的があった場合の例である．

1.4 小水力発電の位置づけ

（i） 小水力発電の出力による区分

「水力発電」を発電出力の観点から区分すると，表1・1のようにいわれている．ただし，この区分は規格的なものではなく，通称のものである．たとえば，「新エネルギー利用等の促進に関する特別措置法」では「小水力発電として1 000 kW以下」を対象としており下限はない．本書で取り上げる小水力発電としては，1 000～10 000 kWの範囲に加えて，1 000 kW以下の水力発電の範囲も解説する．

表1・1 水力発電の出力区分（通称）

水力発電規模	区分出力
大規模水力発電	100 000 kW以上
中水力発電	10 000 ～ 100 000 kW
小水力発電	1 000 ～ 10 000 kW
ミニ水力発電	100 ～ 1 000 kW
マイクロ水力発電	100 kW以下

（ii） 小水力発電と自然エネルギー発電

小水力発電は，再生可能エネルギー発電の範囲に分類されている．

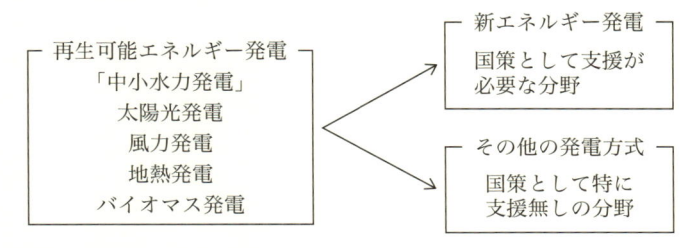

再生可能エネルギー発電の中で，特に国策としてその普及に支援を必要とするエネルギー分野の発電を「新エネルギー発電」と呼ぶこと

にしている．結局，「小水力発電」＝ 新エネルギー発電の分野である．

2014年度として次のような「小水力発電」への普及支援が国策として下記のように実施されている[2]．

《2014年度普及支援の実績》

　　・小水力等再生可能エネルギー導入推進事業
　　【2014年当初：1.0億円】
　　・小水力発電導入促進モデル事業費補助金
　　【2014 年当初：9.0億円】
　　・中小水力・地熱発電開発費等補助金（中小水力発電開発事業）
　　【2014 年当初：13.9億円の内数】
　　・中小水力開発促進指導事業基礎調査
　　【2014 年当初：1.1億円】
　　・中小水力発電事業利子補給金助成事業費補助金
　　【2014 年当初：1.0億円】
　　・新エネルギー等導入促進基礎調査（水力開発導入基盤整備調査費）
　　【2014 年当初：4.2億円】

(iii)　小水力発電の水資源による分類

　表1・2には水資源による発電を，海洋力発電も含めて分類した．従来水力発電には，海洋エネルギー利用の発電は含まれていない．近年は，自然エネルギー開発の重要性，さらに「地産地消」の概念も重要視されているところであるが，海洋水の活用はこれらの観点からも条件的に見合うものである．

　海洋エネルギーは，まぎれもなく自然エネルギーなのである．通常，一般水力発電ではダム湖に大量の水を溜めて水位を高め，ダム下の低地との落差を利用した大規模発電が多い．また揚水発電も大量の水量と落差を確保し，大規模発電を行っている．

表1・2 水資源と広義の水力発電

発電区分		発電用水資源		作用力
広義の水力による発電	一般水力発電	・大規模ダムの水→落差＆流量 ・揚水発電用ダム→落差＆流量		流量大 落差大
	中規模水力発電	・河川の流れ重視 ・農業用水など季節的変化のある水流	→流量重視	流量中 落差小
	ミニ水力発電 マイクロ水力発電	・小河川＆用水路→流量重視		流量小 落差小
	海洋力発電	波力発電	海水の水柱振動⇒空気の流れ 海水の寄せ波＆引き波 海水の上下運動⇒ジャイロ効果	流量小 落差小 破砕力大
		潮流発電	潮流による海水流	流量大
		温度差発電	海水表面温度と深層水温度	温度差

　本書で取り上げる「小水力発電」は，落差が確保できる地形のところまで河川の水を導水し，利用しているものが多い．比較的流量も落差も小さい（図1・8参照）．また，自然エネルギー発電に区分されている小水力発電の範疇に「海洋力発電」を取り上げ，自然エネルギーに対する概念をいま少し広範囲なものとして提示することにした．

　海水も広義に解釈すれば水である．要するに，今まで「水力は真水による力」の概念が強すぎるのではないかと思う．逼迫した開発要求に応じて「海水力」にまで開発範囲を広げて思考することも，自然エネルギー開発が重要視されている今日，無理のない取り扱いである．

　皆様に新たな知識開拓の必要などが生じたとき，この広義解釈などの知識経験がいささかでも役立てばと願うところである．従来の枠を越えて思考を試みることは，創造力涵養にとって決して無駄な

ものではない．未開拓の分野にこそ素晴らしいアイデアが転がっていることは，多々あることである．

政府もこの分野に注目し，脆弱なエネルギー受給構造の改善に寄与する技術として，エネルギー基本計画の中に「波力発電の研究開発」を明記しているのである．

単位面積当たりの海洋力のエネルギーは，太陽光の約20倍，風力の約8倍と高いことを考えると，海洋力からのエネルギー変換装置の開発も十分価値のあることだと考える．

1.5 小水力発電がなぜいま必要なの？

(ⅰ) 日本の電力エネルギー資源

日本はエネルギー発生に必要な資源の約80 ％を輸入している．しかも，世界第5位の資源消費大国である．「日本は，エネルギー社会で自活する立場としては脆弱国」といわれても仕方がない．

世界の主要国は大量のエネルギー資源を消費し，その多くを電力エネルギーに変換して消費している．世界の主要国が近代経済社会を維持して行くためには，電力エネルギーは不可欠なものである．日本としても，当然電力エネルギーが必要であるがそのための資源消費には，次のようなことに十分注意する必要がある．

①環境を汚染しないこと，

②資源は有限であること，

③省エネの推進，

④資源の安定な確保，

⑤国産資源の開発，

⑥新しい資源の開発，

⑦生産が容易であること，

　①については，2015年12月には，環境汚染に対する世界的取り組みとして，「国連気候変動枠組み条約第21回締約国会議（COP21）」がパリで開かれた．いま，地球規模で環境汚染が問題となっており，このことに対して世界的にまとまりのある取り組みが先決問題である．しかし先進国と発展途上国の立場の違いによる主張が強く，両者共通の方針をなかなか確立できないのが現状である．幸いなことにこの会議の国際的枠組みとして，CO_2などの環境汚染排気ガスの，各国削減目標数値がまとめられた．

　日本の義務的数値として，温室効果ガスを2013年度比で26 ％削減（2030年度までに）を約束した．なお，同会議で採択された国際枠組みは，世界各国多数の批准を得て2016年11月4日に発行した．図1・10に示すように化石燃料はCO_2発生が非常に多く，環境汚染の観点からは地球規模で問題視されている．

　世界の先進国では大量の電力エネルギーを使用しているが，電力発生の資源として化石燃料を多く使用しているのが現状である．

　特に後発国で化石燃料を多く使用している国の使用時CO_2発生対策技術が遅れており，先進国による対策に関する先端技術支援が必要である．

　②，③に関連したものとして，図1・11に埋蔵資源の可採年数を概数値で示した．化石燃料の中には100年前後とされるものも指摘されているのである．

　従来から大量に生産されてきた資源である石油が，もっとも可採年数が低いとされている．近年，天然ガスとしては，従来のものに加えてシェールガスがある（主としてアメリカやカナダで生産）が，これもあまり長くはないのである．

　図1・12は各種資源による発電コストを示している．発電コスト

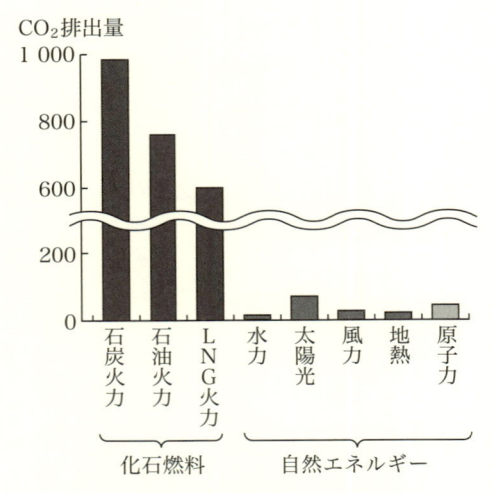

・排出量：二酸化炭素換算（g-CO_2/kWh）
・化石燃料：発電時燃焼
・他の燃料：その他建設資材生産など

図1・10 資源別発電方式のCO_2発生[3]

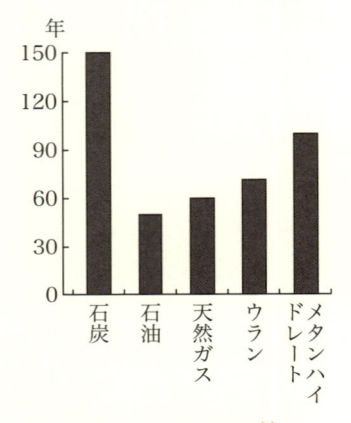

図1・11 可採年数[4]

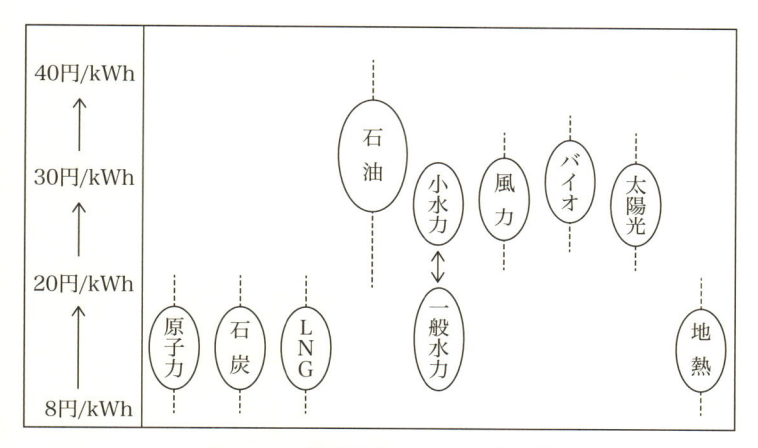

図1・12　資源別発電コストの概略[5]

は，資源輸入変動・発電所規模・稼働率・廃棄物処理費用など，条件による変動幅が大きく数値による比較が難しい．ここでは発電方式によるコストの一般的に言われている通念を概略で示すにとどめる．

化石燃料は比較的容易に生産が可能であり，しかも資源による発電単価が低いことが多用される理由である．石油については発電単価が比較的高い．しかし石油の用途は発電用燃料だけではない．石油化学により現代社会に提供されているものは，プラスチック材料，薬品等，数限りなく多い．自動車用ガソリン，暖房用軽油もそうである．

自然エネルギー関連の発電コストは，化石燃料コストよりも高い．④，⑤の項目については，エネルギー資源を輸入に頼っている日本では，重要な項目である．日本は，単に輸入量の確保だけでなく，海外からの安全な輸送路確保が必要でなのである．これらを考えると，国産資源の開発をいま一度見直すべきである．

　⑥，⑦については，未開発のメタンハイドレートが，日本近海の海底に確認されている．いまだ生産技術が確立されていないが埋蔵量として現在使用の石油燃料約100年分に相当するであろうと推測されている．2013年3月には，太平洋側の海面下数百メートルの地層にある「砂層型メタンハイドレート」から，世界で初めて生産試験が実施された．長期的に安定した生産が可能となるよう，1日も早く生産技術の確立が望まれるところである．

　資源は有限であり，その消費は省エネ思想を重視し「節約」はもちろんのことであるが，資源からエネルギーへの「変換技術を向上し，熱損失を少なくする」ことなどが重要なポイントである．

(ii)　電力供給事情の変化〜東日本大震災の影響〜

　近代社会において，電力は欠くことのできないエネルギーである．「電気は社会の血液だ」と表現しても過言ではなく，資源から取り出すエネルギーとして最も重要なものだ．しかも，最も使いやすいエネルギーなのである．

　図1・13に，日本における一次資源エネルギーの流れを示した．電力変換に使用されるものは約40％弱であるが，そのうち有効に働くエネルギーを得るためには，いったん熱エネルギーに変換する必要がある．図より明らかなように，熱変換時の損失は大変大きなものであり，約60％強にもなる．

　本章(i)の③に，省エネの推進として取り上げたのも大きな理由がここにあるのである．そして現在の，日本の電力事情は化石燃料発電が主流である．化石燃料は輸入資源，有限の資源であること，さらに図1・13に示したように効率の低さ，そして環境汚染などマイナスの副次効果が大きいこと等々，少しでも早く主流から軽減すべき資源なのである．

　この点，「水力発電」は国産資源，そして自然エネルギーなので上記のような熱損失の欠点はない．しかも環境汚染が極小である．水力は，化石燃料依存の電力事情打開には開発が促進されるべき資源なのである．水力発電出力増加が可能となれば，日本の電力事情にも余裕が生じるのであるが，現実はそうではないのである．すでに，図1・7に示したように，我が国は2012年以後化石燃料発電を大幅に増加している現状にある．

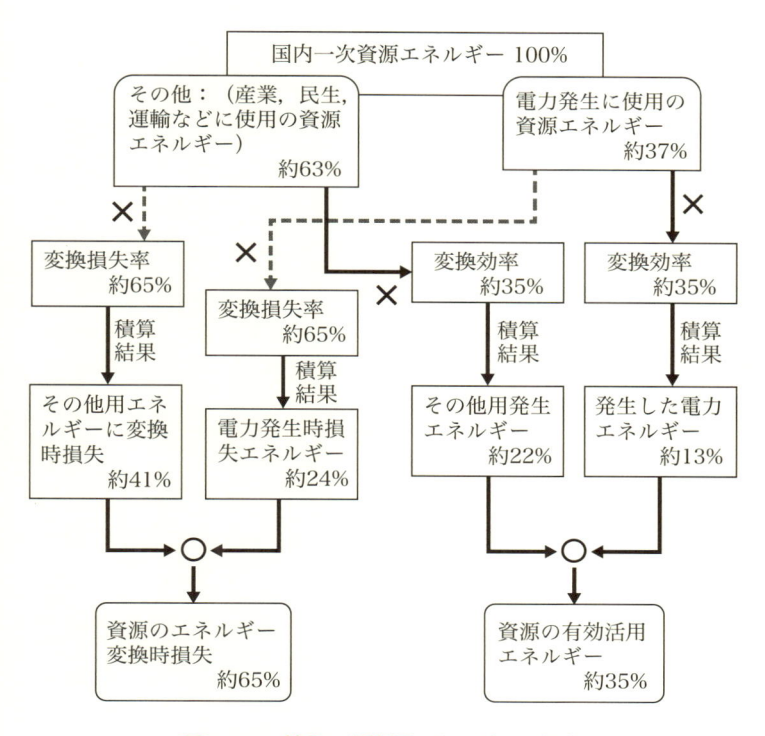

図1・13　輸入一次資源エネルギーの行方

　したがって，自然エネルギー発電（一般水力＋再生可能エネルギー）の増加が望まれるのは当然のことである．しかし2000年を過ぎたころより一般水力発電（大規模水力発電＋揚水発電）は総発電電力の約8〜9 ％の横ばいである．再生可能エネルギーを加えても約10 ％強にすぎないのである（2013年）．

　特筆すべきは，2011年3月11日に東日本大震災が発生し，福島の海岸地域を中心に大変大きな被害が発生した．海岸に建設されていた原子力発電所も地震と津波により破壊され，近隣に甚大な放射能被害をもたらした．原子力発電の危険度を再認識させられ大幅に強化した安全基準の制定が実施された．この基準を満足するため，日本で点在する商業用原子力発電所（原子炉54基．2011 年2月末現在）の改善が必要となった．安全基準達成のためには，原子炉および発電所の改善とその確認審査にかなりの年数が必要である．

〈震災以後に，商業用原子力発電所の稼働をすべて停止した〉

　震災直前には総発電電力量の約30 ％を占めていた原子力発電による出力分を失ってしまったのである．その欠落分は，LNG，石炭，石油の化石燃料による火力発電を増加して補充してきた．そして総出力は，少し減少しただけにとどめることができたのである．表1・3に震災前と，震災後の電力構成の変化を示した．

　注目すべきは表1・3に示すように，震災後の電力事情における緊急事態発生時期でも，全体に対する自然エネルギーによる発電出力割合の増加はわずかである．2013年の太陽，風力等の発電出力は増加しているものの全体の約2.6 ％にすぎない．すべての再生可能エネルギー資源による発電を合わせても3.2 ％である．自然エネルギーの中では一般水力発電の出力が多いが，8〜9 ％の横這いで増加がない．

表1・3 震災前後の電力構成変化

発電方式	震災前 → 震災後		備考	
	2010年 → 2013年		使用燃料の変化	増減
原子力	28.6 % → 0 %		◆自然エネルギー 9.6 %（2010）→ 12.2 %（2013）	− 28.6 %
再生可能エネルギー	1.1 → 3.2			+ 2.6 %
一般水力	8.5 → 9.0			
石油	7.5 → 10.6		◆化石燃料依存度 62 %（2010）→ 88 %（2013）	+ 26 %
石炭	25.0 → 31.0			
LNG	29.3 → 46.2			
総発電電力	約10 000 → 約9 400（単位：億kWh）			

＊一般水力発電には，中小水力発電は含まない

経済産業省『エネルギー白書2015』(図【第131-2-1】) をもとに作成

　震災後の総発電出力は震災前の約1割減である．経済大国として最低限の電力出力を維持できているのである．表のように，特に化石燃料による火力発電出力を26 ％急増させて補充している．再生可能エネルギー発電の稼働もわずかではあるが増加している．いまや，下記のような事態が発生し経済大国を維持するために，好ましくない燃料をしかたなく使用しているのが現状である．

表1・4　震災前後の化石燃料輸入量変化

輸入資源	震災前　→　震災後		備考
	2010年　→　2013年		
石油	215 万kL　→	214 万kL	
石炭	187 百万トン　→	196 百万トン	震災前の4.8 %増
LNG	71 百万トン　→	88 百万トン	震災前の24 %増

経済産業省『エネルギー白書2015』(図【第131-1-3, 131-1-5, 131-1-10】) をもとに作成

　表1・4には震災前と震災後の一次エネルギー資源 (化石燃料) の輸入量の変化を示した. 石炭とLNGの輸入量が大きく増加している. しかし震災後, 水力発電の水資源の活用にほとんど増加の傾向が見られないのである.

　日本は, 震災直後から化石燃料資源の輸入量を増加する力と, 化石燃料発電出力量を増加へ転化する機能を有した設備とを持ち合わせていたといえる. このことが震災後の総発電出力不足を1割減程度に押さえることができたといえるのである.

　さらに2016年になると, 発電単価の安い石炭火力発電所の新設計画 (総出力2 000万 kW) が相次いで申請され始めた. これを是認すれば, CO_2などの環境汚染が増加してしまうのである. そこで政府は, 原子力発電が望めないこの時期, 総発電出力維持のため, 次のページに示すように新たな石炭火力規制を設けて容認することにした. 好ましいことではないのであるが, 我が国の高度経済社会を維持するためには仕方のない選択である.

　電力供給事情改善として, 全面的に停止している原子力発電の再稼働の声があるが, これには「賛否両論」があり判断が難しい, 本書ではこのことについての検討はしていない. 大震災後5年の2016年

> ### コラム　新たな石炭火力規制の骨子
>
> ・発電効率の数値目標を定め，効率の悪い施設の新設は認めない．
> ・火力発電全体に占める石炭火力の割合を46 ％以下にする．
> ・事業者に対し，販売電力に占める再生エネルギーなど非化石燃料の割合を44 ％以上とするように求める．
> ・発電量あたりのCO_2排出量の開示を求める．
> ・環境省は，電力業界の取り組みを毎年検証し，不十分な場合には指示や勧告を行う．

　7月現在，政府は2018年度の電源構成で発電量に占める原発の比率を20〜22 ％と決めている．一方原発の寿命（廃炉）を40年としているので現存原発の基数からみると15 ％程度にしかならない．比率実現には老朽原発十数基の運転延長の再稼働延長が必要であり，原子力発電は難しい現状にある．2016年7月現在の再稼働の実状は2カ所3基で多くを望めないのが現状である．

(iii)　小水力発電の必要性

　以上，本章(ii)に記したように東日本震災後の現在は，電力出力構成の緊急事態であるといっても過言ではないのである．当然のこととして自然エネルギー資源の旗頭である水力発電による出力増加が望まれる．

　既説のように，大規模ダム＆揚水ダム中心の一般水力発電は適性な建設地がほとんど開発済みであり短急な増加は望めないのである．震災後5年を過ぎた現在でも，図1・7で示したように水力発電の電力構成全体に占める割合がほとんど増加していない．いまこそ，「中小水力発電」が注目されるべきである．中でもあまり開発が進んでいない「小水力発電」が注目されるのは当然のことである．

　しかし，図1・12で示したように一般水力発電は発電コストが低いが，小水力発電の発電コストは決して低いものではない．自然エネルギー発電の中で太陽・風力発電に匹敵する高い発電コストである．それでも他に，有力な発電方式がないのである．

　国策としても取り上げられ，「小水力発電」の建設費補助が政策的に充実され，促進強化策が進められるようになった（1.4(ii)参照）．表1・5に，国内自然エネルギー発電設備の状況を示し，注目ポイントを，以下の①～④のように区別して各発電設備を比較してみた．

　①自然エネルギー総発電出力＝Qとする

$$\left.\begin{array}{r} 一般水力発電出力 = A \\ +)\quad 中小水力発電出力 = B \\ \hline 合計水力発電出力 = C \end{array}\right\} \quad C/Q = 0.72 \equiv 72\,\%$$

　②「中小水力発電」を再生可能エネルギー発電に区分したとき

　　　中小水力発電＝B ◀── 2番目の出力順位

　③一般水力発電　──▶　ほとんど開発済み

　　　中規模水力発電　──▶　未開発適性地が少ない

　　　小規模水力発電　──▶　開発の余地がある

　④太陽光発電の出力：急速に伸びているが総出力が少ない

　　　風力発電の出力　：伸びが少ない

　①～④を考え合わせると，「自然エネルギー発電の電力資源としては水力中心の活用を重視する」ことが当然のことである．図1・14に示すように，自然エネルギー発電の72％は水力発電による出力であるが，大中水力発電の出力増加はすでに限界にきているのである．なんとか開発の余地があるのは「小水力発電」である．今後の自然エネルギー発電出力増加には，この「小水力発電」に注目するのが効果的である．

表1・5　2013年度の発電設備＆出力

	発電設備	出力	備考
自然エネルギー	（水力）	約5 854 万kW	A：一般水力　4 893 万kW B：中小水力　　961 万kW
	太陽光	約1 766 万kW	
	風力	271 万kW	再生可能 エネルギー発電
	地熱	54 万kW	
	バイオマス	約240 万kW	

経済産業省『エネルギー白書2015』（図【第213-2-19, 213-2-8, 213-2-16, 213-2-23】）をもとに作成

図1・14　日本の自然エネルギー発電出力状況

ⅳ　小水力発電の特徴

ここで，小水力発電のおもな特徴を述べておく．

・純粋な国産エネルギーである．

・インフレや海外からの燃料輸入コストの影響を受けない．

・再生可能エネルギーのうち，最大の出力が見込める．

- 環境負荷がほとんどない.
- 発電開始時に短時間で定格出力が可能であり. また出力停止に短時間で対応できる.
- 自動運転が容易である.
- 地域ぐるみの開発は, 事業収益による地域のマイナス事象を補い「地域創成」に役立つ.
- 「地産地消」の立地条件を満足し, 地域特有の負荷に対応させることができる.
- 立地が「地産地消」の条件下にあれば, 遠距離消費よりも省エネ的である. ただし, 次のような欠点がある.

　発電コストが高い.

　初期投資が, 他の発電方法に比べて大きい.

　一定の水量が得られない（降水量に左右されるので気候変動に弱い）.

　電気事業法, 河川法, 水利権などの制限を受け, 設置時の法律的手続きが小出力の割には煩雑である.

(v) 注目：若者達も頑張っている！
≪教育現場における, 小＆マイクロ水力発電の取り組み≫

　前述の通り, 東日本大震災の後の電力構成があまりにも化石燃料による電力に偏り過ぎている. 化石燃料は環境に対して好ましくない資源であり, 自然エネルギー活用による電力発生が切望されているのが現状である. このような時期の, 教育現場における自然エネルギー活用に関する実践教育は大変有意義で効果的なことである. これは若い人たちのあいだで自然エネルギー活用に関心を持つ人たちのすそ野が広がり, その後の実社会における自然エネルギー開発強化に結びつくものである. その効果は最近注目され, 全国の高校,

高専，大学等で同様の取り組みがとり上げられている．

　社会的にも支援しようと，このような取り組みの環境活動に発表する機会を与え，表彰する大会が催された．その中で，

第1回全国ユース環境活動発表大会：応募者数131校
独立行政法人環境再生保全機構等の主催
◎　京都市立伏見工業高等学校
　　　・同機構理事長賞受賞
　　　・マイクロ水力発電グループ

があげられる．

　京都市立伏見工業高校（現京都工学院高校）では，各自然エネルギーについてグループ別の実践教育（2008年～）が行われている．その一つに，水車プロジェクトグループがある．そこではマイクロ水力発電用水車の開発が行われている．同グループの開発実験室では各種の水車が開発され，また，日本の水力発電発祥の地である京都市岡崎（琵琶湖疏水の京都出口）に設置の水車もみられる．

　同校の評価は学内に止まらず，近隣県内の各地域の自治会や農業団体が農業用水路などに水車を設置し，電気柵用の発電や小動力発生などを計画する場合などをサポートしている．同グループを指導しておられる足立善彦教諭は，「水車の開発と実働は，単なるハード面の向上だけなく地域活性化などソフト面からの波及効果をもたらす」と強調されていた．

・水車プロジェクト（マイクロ水力発電）実践教育の主な成果
　①水車製作によるモノづくり体験
　②用途に応じたマイクロ発電・電源技術の習得

③マイクロ水力発電の実践による用途の開発

　（獣害対策用電気柵，常夜灯，非常用電源等の防災）

④同実践による地域活性化などへの波及効果拡大

　（装置の保守や運転上，用水路清掃，草刈りなど周辺環境整備が強化される．共同作業などは地域住民のコミュニケーションの輪をひろげ地域活性化の核になる）

⑤実社会での装置敷設には，クリアーすべき法律があることを学習．

⑥自然界と人間社会の共存意識の強化

図1・15にプロジェクトを指導されている同校足立善彦先生にご

(a)　螺旋水車の稼動

(b)　間伐材螺旋水車の稼動

図1・15　伏見工業高等学校水車プロジェクトチームによる水車敷設状況

提供いただいた，製作水車の稼働状況写真を示す．(a)は，同校水車プロジェクト製作の螺旋型水車である．(b)は，地元の間伐材で製作した木製の螺旋型水車である．マイクロ水力発電の領域は特に地域密着の設置が多く，効率や性能はともかく地元不要の間伐材有効利用に注目したもので，地域からの注目度を上げて小水力発電普及への波及効果を考えた製作水車である．

　以上，伏見工業高等学校の水車プロジェクトによるマイクロ水力・発電を紹介したが，成果を得るまでに数多くの知的・体験的ノウハウが蓄積され貴重なものである．これらのノウハウを拡張しての実践教育実施は，流量と落差の水資源条件さえ整えばただちに小水力発電にステップアップできるレベルにあり，大変価値のある実践教育であった．

1.6　日本と世界の水力発電

　以上，日本中心に水力発電，そして小水力発電について述べてきたが，世界と比べて日本の現状を見てみよう．

　日本はエネルギー発生に必要な資源の約80 %を輸入している．しかも，世界第5位の資源消費大国である．「日本は，エネルギー社会で自活する立場としては脆弱国」であるといわれても仕方がない．世界の主要国は大量のエネルギー資源を消費し，中でも電力エネルギーに変換してその多くを消費している．主要国が近代経済社会を維持して行くためには，電力エネルギーが不可欠なものである．

　電力用のエネルギー資源の多くは化石燃料で占められている．化石燃料は環境汚染の観点から好ましくない燃料である．必然的に自然エネルギー発電（水力発電を含む）の活用が望まれるところであるが，日本では総電力出力量の1割強の発電出力である．

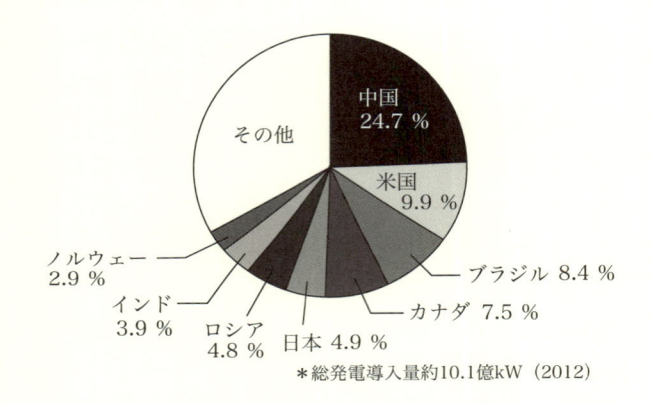

＊総発電導入量約10.1億kW（2012）

経済産業省『エネルギー白書2015』(図【第213-2-20】をもと
に作成)

図1・16　各国水力発電量の世界総水力発電導入量に対する割合

　図1・16に世界の水力発電導入状況を示した．図によれば日本は，
世界第5位の水力発電導入量である．日本より上位の国と比べて，日
本は国土が狭く特別雨量も多くない．

　日本は，水力発電用水資源が豊富ではない割には水力発電量が多
い方である．日本は主要国の中で第4位の電力活用割合であるが，一
般水力発電（大規模＆揚水）の開発適性の場所は，すでに開発済みの
状態でこれ以上の発電活用増加は望めないことはすでに述べた．

　通常主要国としてのランクには入らないが，総発電電力量が主要
国に近い国で，水力発電電力量の割合が高い国も付記している．特
に，ノルウェーの水力発電設備容量は国内総発電電力量の94 %と高
いシェアとなっている．国内総発電電力量のほとんどを国産の自然
エネルギーで賄っているのであるから，環境汚染の観点からは理想
的な国だといえるであろう．そのほか総発電電力量は少ないが，水

表1・6　主要国の国内総発電電力量(A)に対する水力発電量の割合（2012年）

国		割合*2
イタリア　⑦*1		約18 %
中国　　　①		約17 %
フランス　⑤		約13 %
日本　　　③		約 7 %
米国　　　②		約 6 %
ドイツ　　④		約 3 %
英国　　　⑥		約 1 %
ノルウェー		約94 %
ブラジル		約79 %

*1　①〜⑦は国内総発電電力量の世界ランキングを示す（2012年）．

*2　経済産業省『エネルギー白書2015』（図【第213-1-6】をもとに作成）

力発電の割合が多い国として，パラグアイ：100 %，コロンビア：約 72 %，アイスランド：約70 %などがあげられる．

　表1・7は，主要国の水力発電活用状況である．以上に述べるように日本を含め各国の水力発電の現状は，大規模一般水力発電のほとんどが開発済みの状態で，今後開発による出力増加はあまり望めないようである．

　このような状況の中で日本は，「小水力発電領域に開発の余地」を見出した．今後の開発が大きく期待されるところである．

1.7　その他，広義解釈の水力発電ってなあに

(i)　その他の広義水力発電（海洋力発電）

　海水も広義に解釈すれば水の一種である．表1・2に海洋力発電を小水力発電開発の範囲に加えてもいいのではないかと述べた．

表1・7　海洋発電の現状

海洋発電		備考	
実用化発電所出力	〜約100 W：航路標識	世界で数千台が稼働	
	43 kW　　　　　　｝系統電力 150 kW：近年予定　接続	日本最初の発電所 （2016年スタート）	
実証試験発電出力	約50 kW　　　　約120 kW 温度差　　　　　波力 発電　　　　　　発電	既存の再生エネルギー発電	
		バイオマス　約30円/kWh 太陽光　　　約27	
発電単価	約40円/kWh ↓　近年の目標 約20円/kWh	小水力　　　約23 風力　　　　約22 地熱　　　　約19	

　海洋には大きなエネルギーが秘められている．そのエネルギーを利用するためには，エネルギー密度が高くしかもできるだけ時間的に恒常的であることが望ましい．加えて，海洋エネルギーの抽出効率が高い技術が必要である．これらの条件を満足する国としては，英国，フランス，韓国などがよく知られている．残念ながら日本はエネルギー抽出技術が高いが，海洋エネルギーの規模や密度が小さい．

　表1・7に，日本の海洋発電の実状をまとめた．発電出力実績としては2016年に波力発電所第1号がスタートしたばかりであり，これからの開発分野である．これまで海洋発電の開発が遅れている理由は，発電単価がかなり高いこと，間欠的エネルギーであること，海洋からの実用エネルギー変換効率が低い，日本の海岸における波の威力が平常時と嵐の時であまりにも差が大きいこと，日本では大規模化が困難であることなど，多くの問題がある．

　波力発電単価も新エネルギー・産業技術総合開発機構（NEDO）による指標として，約40 → 約20円/kWhの段階にあり，既存の再生エネルギー発電に近づきつつある．2016年10月に波力発電所第1号

表1・8 海洋力発電の大別

	呼称	エネルギー抽出		作動形態	
海洋力発電	波力発電	寄せ波 引き波	→ 機械 エネルギー	可動物体 波受け板	→ 振り子 運動
		振動水柱 （上下運動）	→ 運動 エネルギー	空気の 流れ	→ 空気 タービン
		ジャイロ	→ 回転 エネルギー	ジャイロ効果による回転力	
	海洋温度差発電	表面水と 深層水の 温度差	→ 熱 エネルギー	低温冷媒の 蒸発・凝縮熱 サイクル	→ 蒸気 タービン
	潮力発電	干満の差	→ 位置 エネルギー	日本ではエネルギーが小さくほとんど利用されない	
	波力と自然エネルギーの複合発電	波力と風力 の複合	→ 回転 エネルギー	自然エネルギー 波のエネルギー 複合機構	→ フライ ホイールに 蓄積

が実用化したことで，今後同類の方式による各所設置が考えられ普及が促進されるものと考えられる．『エネルギー白書2015』でも波力・海流などに豊富なエネルギーポテンシャルを認め，これらについて検討を行ったと明記されている．

　表1・8に，実証試験が行われた海洋発電を大別した．表に示すようにかなりの試みが実施されており，実用化への活用が期待される．

(ii) **波力発電**

　≪その1≫：特筆すべきは波力発電の方法として日本で開発され，世界に普及し，数千台が稼働している有名な装置がある．航路標識のブイ用電源として実用化されており，波の上下運動を空気の流れに変えて空気タービンを回転させて発電している．出力約100 W程度のマイクロ発電であるが，その実用価値は高く評価されている．

　図1・17はブイ型航路標識装置概要(a)と，波力発電装置応用の電源ボックスの原理を(b)に示した．ただし，原理図は最も単純な場合の一例である．

　従来ブイの電源は蓄電池単独で使用されていたが，その充電や保

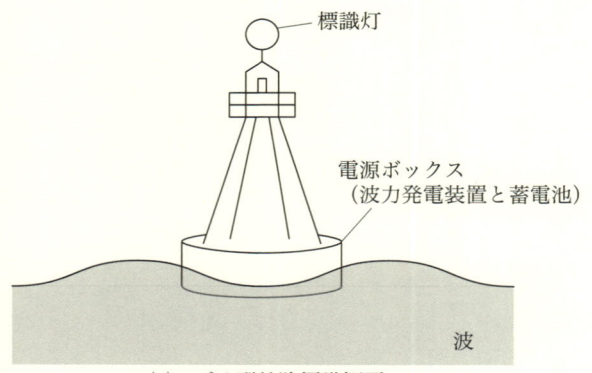

(a)　ブイ型航路標識概要

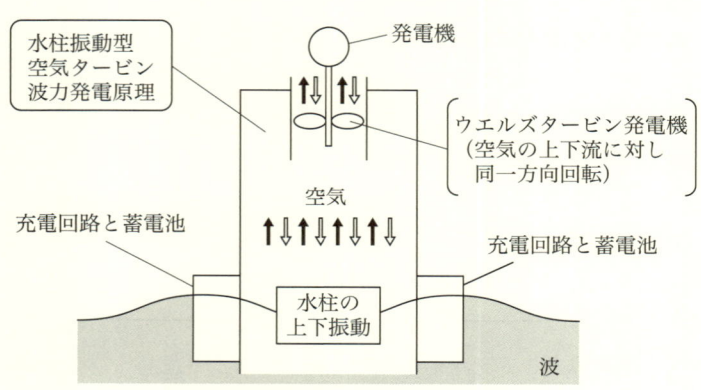

(b)　波力発電の原理応用の電源ボックス例

図1・17　ブイ型航路標識と電源（波力発電と蓄電池）

守に大変手間を要していた．海面に浮かぶブイは，常に上下運動している．そこで(b)図のように，電源ボックスに空気室を設けてその上部に孔が空けられた．波の上下運動により空気が圧縮と引っ張りの力を受けて上下に空気の流れが生じる．

(b)図の上部孔のところに，空気タービンを取り付ければ回転力が得られ発電機を駆動できる．この発電出力は波の大きさにより変動するので，蓄電池充電により一定出力化し標識灯に入力する．特に，空気タービンとしては両方向の空気流れでも同一方向に回転するウエルズタービンが開発されている．ウエルズタービンは，羽の断面が飛行機の翼の断面と同じ形をしており，空気の上下流に対して同一方向の推進力を得て同一方向回転となる．

波の上下動による空気の逆流を防ぐのに，空気室の壁などに弁を数カ所設けて空気流を整流する方法がある．この場合は通常のタービンを使用できる．ただしこの場合，波の上下運動の切り替わり時に弁作動にタイムラグが生じるため効率が悪くなる．また装置が大型化する．空気整流タイプの装置は後に述べる（3.4(i)図3・35参照）

≪その2≫：そのほか日本における波力発電の実用化例としては，寄せ波と引き波ごとに振り子運動（受圧版が左右する）による力を作用させ，回転力に変えて発電する方式がある．図1・18に波受け板方式波力発電の原理図を示した．

つまり，寄せ波引き波の力で板や球体を振り子運動させ，その往復運動成分を回転運動に変えて発電する方式である．海岸にうち寄せる波の力は強大で，しばしば堤防破壊などが話題になるところである．この力を何とかして利用しようとする方式が振り子方式の波力発電である．

実例として，出力43 kWの小出力波力発電所が岩手県久慈市で稼

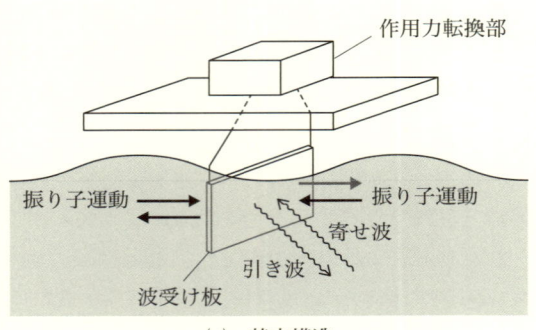

(a) 基本構造

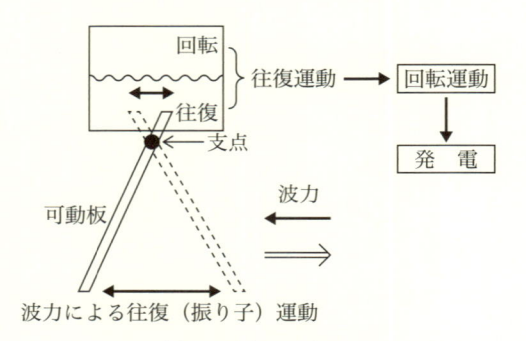

(b) 可動部の仕組み

図1・18 波受け板方式波力発電の原理（一例）

働している（2016年）．日本最初の波力発電所である．この装置は漁港の沿岸に設置され，発生電力の一部は漁港で消費し残りは売電している。いわゆる「地産地消」を容易に実現し，「地域創成」に有効とすることができている．

また，近い将来他所に同様式の発電所を連ねて，出力150 kWへ増設の計画がある．

≪その3≫：その他，実証実験が行われている中で特徴ある発電方式としては，ジャイロ方式がある．日本で開発された方式で，従来の方式と比べて高効率であると報告されている（3.4(i)図3・39参照）．以上のように波力発電は小出力規模の実用化にすぎないが，自然エネルギー活用の増加が望まれるこの時期，開発の余地がある分野として注目したい．

(iii) 海洋温度差発電

海洋表面と深層水の温度差が20 ℃以上であれば，低温冷媒の蒸発・凝縮による熱サイクルを構成することが可能である．冷媒の低温蒸発によるタービン回転力を発電に利用する．

図1・19は熱サイクルを説明したものである．日本近海では，十分な度差が得られる地域が少なく実用化が困難であるが，熱帯地方では十分実用化の可能性があるといわれている．

(iv) その他の海洋力発電

(1) 潮力発電

潮力を利用するには潮位差の年平均が8 m以上といわれている．

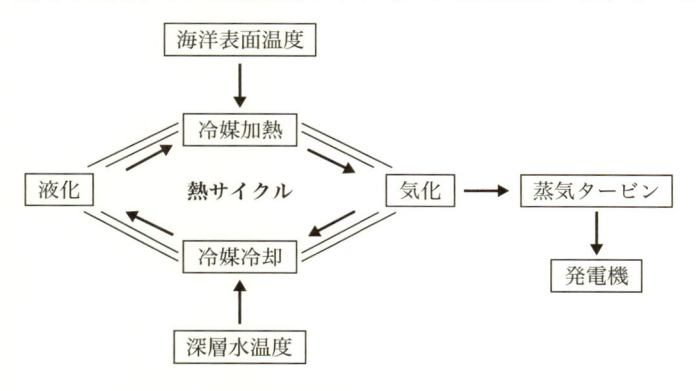

図1・19　海洋温度差発電（低温冷媒熱サイクル）

たとえば，図1・20に示すように幅広く押し寄せてくる満ち潮を導水壁により狭めると海面が迫り上がりその先のダムへため込むことができる．引き潮の時にはダムの海水面と十分な落差が得られて発電が可能となる．

　もちろん，導水壁やダムは自然の地形により形成されることがある．たとえば，長崎県の大村湾は満ち潮に対し自然ダムの機能を有している．大村湾は，琵琶湖の約1/2の面積の閉鎖性内湾（図のダムに相当する）であり，干満の潮の出入口は狭い西海橋（西海市）の下の1カ所である．春の大潮のときは満潮により琵琶湖の1/2の広さの湾内にため込んだ海水が，引き潮に引かれて狭い出口から凄まじい勢いで流れ出るのである．

　出入り口にかかる西海橋の下では，湾内海水面と外海の海水面に約1 mほどの段差を生じながら激しく流れ出る様子が見られる．それでも年間の平均干満の潮位差は，潮力発電を実施するにしては小さすぎるのである．そのほか潮位差が大きいと言われている有明海

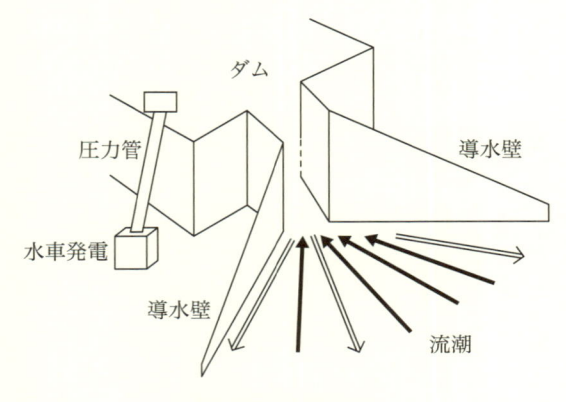

図1・20　潮流ダム

付近でも約3〜5 mの潮位差であり，日本ではほとんど発電に活用する見込みがない．

世界には，日本では考えられないほど大きな出力の潮力発電所がある．たとえば，

・世界最大：韓国にある始華湖潮力発電所

　　出力25万4 000 kW，2011年から稼働

・その他：フランスにある潮汐力発電所

　　出力24 万kW，1967年から稼働

(2)　波力と自然エネルギー複合利用発電（3.4(ii)図3・41に具体的装置を示す）

波が高い地方では，風が強いことが多い．また，波が高い季節は風も強いことが多い．従来の波力発電方式では，これらの自然エネルギーを複合した発電方式は見あたらないようである．自然エネルギー活用が望まれているこの時期，同時に発生しているエネルギーを見逃すことはないであろう．ここに，複合利用の試みも価値のあることだと考える．

本書著者の橋口は，波力と風力を複合して回転力を得る方式を考案している．学生達と実験室に構築した模擬装置では風力発電の出力に，同時発生の波力による出力を重畳する結果が得られた．若い学生達の創造力涵養の一方策に，また「ものづくり」の訓練にと模擬装置を作り上げた．試行錯誤しながら完成したときの学生達の喜びようはかなりのものであった．

図1・21は，波力と風力を複合して発電することを目的とした装置の構想を，ブロック線図で示した．通常，二つの回転力を機械的に合成する機構では，回転速度に差があると遅い回転が早い回転のブレーキとなる．風力＆波力を複合して発電する装置製作では，特

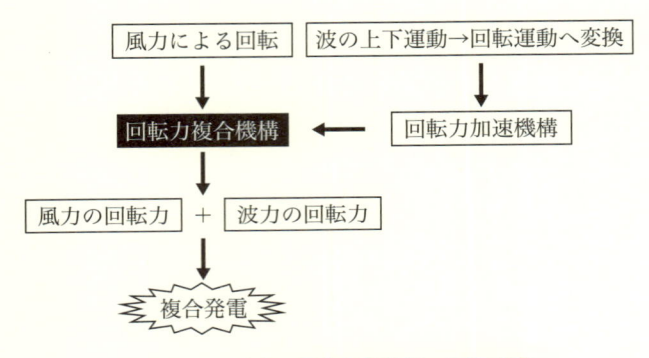

図1・21　波力・風力複合装置の原理構想

別の"回転力複合機構"を考案する必要がある．上下運動により回転
速度が変化する例の身近なものとして，フィギュアスケーターのス
ピン運動がある．図1・22は，スケーターがスピン運動している様
子をヒントにして二つの回転力をロス無く合成する装置を製作する
ときの構想である．

　(a)は，腕を伸ばしてゆっくり横回転しているスケーター（状態A）
が，急に伸ばしていた腕を頭上まで引き上げた様子（状態B）である．
このとき，身体の横回転スピン速度は急速に加速される．この現象
は，競技観戦やテレビ放映で周知されていることである．

　(b)は，(a)の動作をヒントにして装置化するための構想である．
構想では，スピン運動における（状態A）の横方向回転動作を風力に
より得ている．（状態A）→（状態B），（状態B）→（状態A）の手の動き
を波の上下運動により行うことにした．

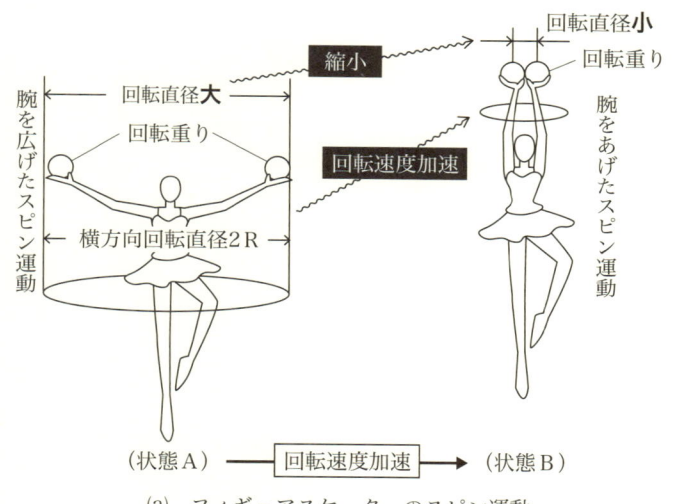

(a)　フィギュアスケーターのスピン運動

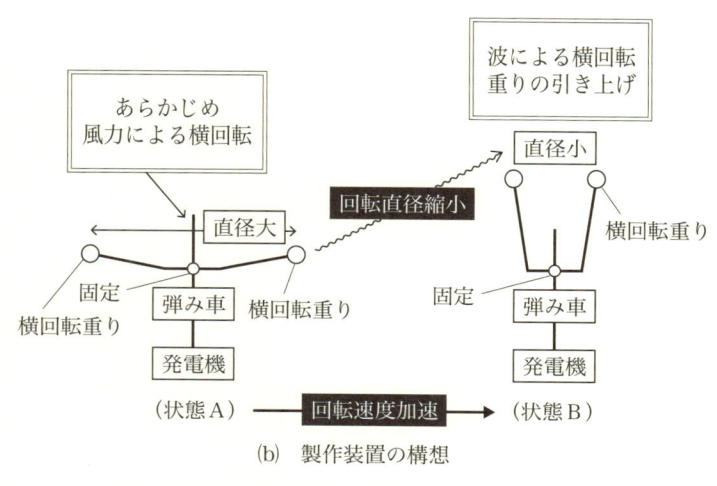

(b)　製作装置の構想

図1・22　回転半径縮小運動における回転速度加速

② 小水力発電の基礎

2.1 力とエネルギー

前編の図1・1に示したように水力発電は水資源に蓄えられているエネルギーにもとづく力を，水車に作用させて発電機を回転している．基礎事項として，まずは力とエネルギーの関係を知る必要がある．

(i) 加速度

自動車を運転する人は十分体験していることであるが，スタート時にアクセルを踏んで速度を次第に上げて走り出す．このことは，次のように表現される．

> 毎秒ごとに速度を上昇しながら動いている… ⟶ 加速度を維持しながら動いている…と表現

図2・1に示すようにリンゴが枝から自然に落ちるのを見て，ニュートンは引力という概念を考え出した．この自然落下したリンゴは，次第に一定の割合で速度を上げながら落下する（空気抵抗を無視）．この一定の割合で速度が増加することを加速度が一定である現象と呼ぶ．

地球上で引力により物体が自然落下したとき，加速度一定の状態を重力加速度 G が作用しているという．

水力発電は，図1・1に示したように水の落下現象を応用している．この現象を考えるとき，まずこの重力加速度 G を念頭に置かなければならない．

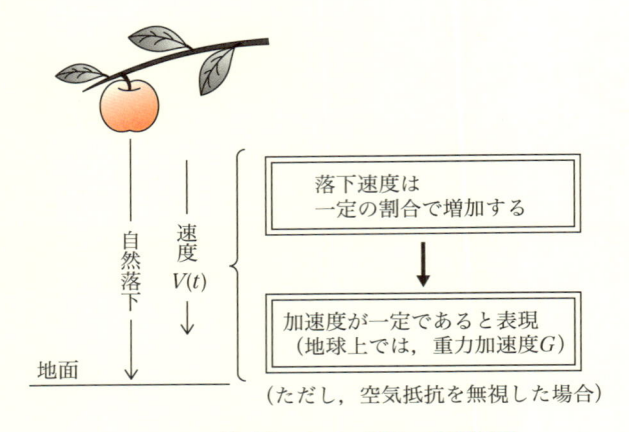

図2・1　地球上における物体の自然落下

> ──── 水力発電：第一重要項目 ────
> 地球上で物体が自然落下するとき，
> 重力加速度 G が作用している．

(ii)　力

　図2・2は力の作用を説明するための図である．この状況を簡単に考えるために，荷物を積んだ総重量 M [kg] の荷物運搬車を，綱をつけて水平地面と平衡に人が引っ張っているモデルを想定する．ただし，車輪＆地面との摩擦，空気抵抗などを無視する．そして，動きはじめからの速度は，次第に速くなるように引っ張っている．つまり加速度を維持しての動きである．

　図2・2に示した「力」の度合いを示す F は，物理の基本式とされている．ニュートンにより発案されたので，「力」の単位はニュートン [N] と定められた．

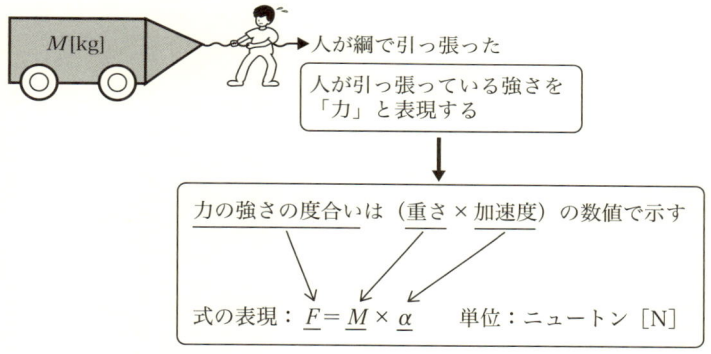

毎秒ごとに速度が速くなった＝加速度 α を維持しながら動いている

人が綱で引っ張った

人が引っ張っている強さを「力」と表現する

力の強さの度合いは（重さ×加速度）の数値で示す

式の表現：$F = M \times \alpha$　単位：ニュートン $[\mathrm{N}]$

図2・2　力の定義

(iii)　エネルギー

　図2・3は，「エネルギー」の説明図である．図では，荷車にある力を作用させて一定の加速度 α を維持しながら引っ張りつづけている．そして，$H\ [\mathrm{m}]$ に到達したとき急に引っ張っている手を離した場合を考える．荷車は急には止まらずしばらく動き続ける．つまり荷車は，離す瞬間までに力を受けつづけ，累積した何かを得ているのである．

　物理では，「その間に作用し続けた力の累積量」＝「その間に作用された力の累積量」をエネルギーと表現する．要するに"…したり"，"…されたり"の累積量がエネルギーである．今一つ大事なエネルギーの概念として，力を累積するためには時間を要しているはずである．結局，次式の関係がある．

　　　　　エネルギー＝力×作用時間

図2・2で示したように，力には加速度が含まれているので，エネル

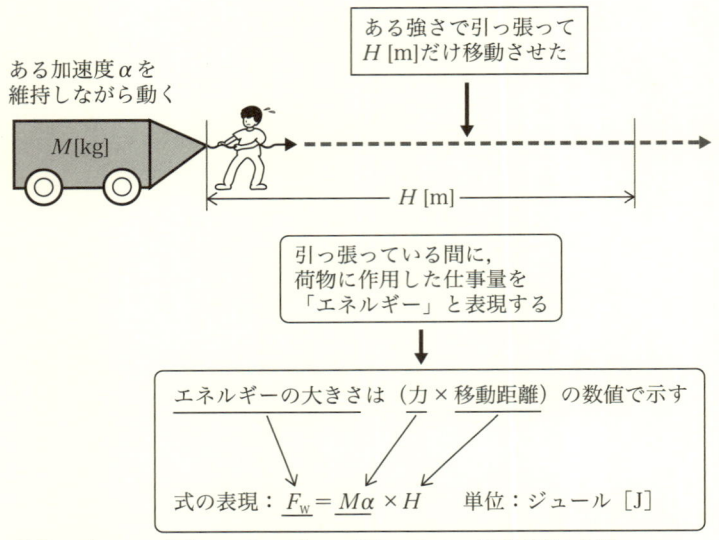

単位：ジュール〔J〕はエネルギーの単位である．巻末付録1参照

図2・3　「エネルギー」の定義

ギーの式には加速度が含まれている．だから，加速度を有する運動は，動いている速度が常に変化している様子であるといえる．ここに，エネルギーと速度の関係を理解しておく必要がある．

　結局，加速度の観点からのエネルギーの大きさは動いている物体の速度に左右されるはずである（付録・・式参照）．

$$エネルギー＝f（速度）\equiv 速度の関数$$

エネルギーの性質として，"エネルギー保存の法則"がある．

保有しているエネルギー：A

　└→ 他に作用して与えたエネルギー：B

残っているエネルギー：C

$$A＝B＋C$$

あるエネルギーを持って動いている荷車が止まるためには，上の C＝0になる必要がある．何かにぶつかり相手を動かしたり破壊したりのエネルギーの全部を B として消費すれば，残存エネルギー C⇒0へ向かう．上に述べたようにエネルギーは速度の関数であり，（C⇒0）≡（速度⇒0）となり停止する．

たとえば，車がブレーキを踏めば止まるのも，このエネルギー保存の法則で説明される．ブレーキは，回転している車輪のディスクにブレーキシュウを押しつけてマサツ抵抗力と熱を発生させ，保有エネルギーAのほとんどをBの作用エネルギーとして消費するので，残存エネルギーCが急速に低下し（C⇒0）≡（速度⇒0）となれば停止するのである．結局，次のようにまとめられる．

> ─── 水力発電：第二重要項目 ───
> 上に示した「エネルギー」の度合いを示す F_w は，
> 加速度の関係で，移動速度に左右されるともいえる．
> エネルギー＝f（速度）≡速度の関数

> ─── 水力発電：第三重要項目 ───
> 上に示した「エネルギー」には，次の特性がある
> "エネルギー保存の法則"

水力発電では，図2・3における荷車を水の固まりに，また動く方向や引っ張られる方向を下向きに展開したエネルギーを利用する．

図2・4に，水の固まりの自然落下を考えるモデルを示した．このときの物理量として水の固まりの重さを M [kg]，落下距離が H [m]，落下時の重力加速度を G [m/s^2]，地面に到達したとき水の固まりに

蓄積したエネルギーの大きさを F_w [J] とする．この場合，図2・3の式の表現において $\alpha = G$ とおいて下向き移動の場合を考える．

　結局，図2・3の横向き移動時のエネルギー F_w は，下向きの自然落下する場合として次式となる．

$$F_w = MGH \text{ [J]} \tag{1}$$

　水力発電では，水を落下させて水車に仕事量を作用させている．水力発電でダムを造る一つの理由は，図2・4の落下距離 H [m] を大きくし，式(1)の F_w を大きくするためである．

　図2・4の落下の様子は，エネルギーに関して次のように表現する．

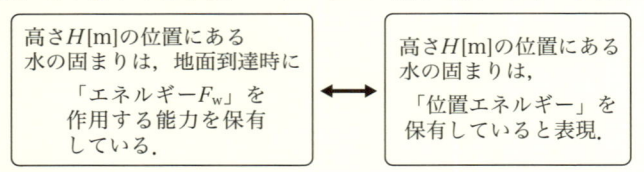

高さ H[m]の位置にある水の固まりは，地面到達時に「エネルギー F_w」を作用する能力を保有している．

⟷

高さ H[m]の位置にある水の固まりは，「位置エネルギー」を保有していると表現．

つまり，式(1)の数値（「位置のエネルギー」）は，ダムの水がどれだけの発電能力があるかを算定するもととなる数量であり，以後の水力発

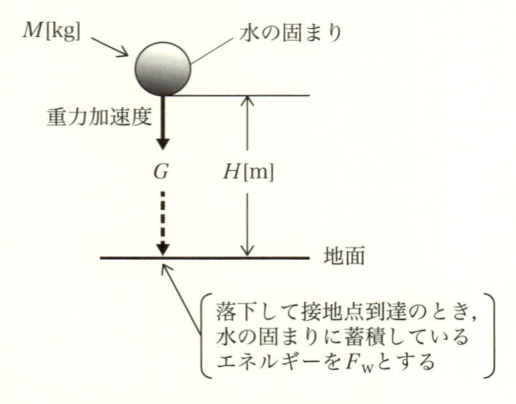

M[kg]　　水の固まり

重力加速度

G　　H[m]

地面

落下して接地点到達のとき，水の固まりに蓄積しているエネルギーを F_w とする

図2・4　水の固まりの自然落下モデル

電を考えることにおいて最も基本的な要素となる.

2.2 水の力と発生電力

(i) 理論水力

　水力発電では，連続に流れ落ちる水のエネルギーを利用している．その発電能力算定には，位置のエネルギーの式(1)に連続で落下する水の現象を反映した変数を考えなければならない．また，流れ落ちる水の流量 Q [m³/s] や，水の固まりが落下するときの地球上重力加速度 G は当然のこととして考慮に入れなければならない．

　図2・5に示すように実際の水力発電の仕組みでは，たとえば用水路から引き入れた水を外に飛び散らないように水圧管（圧力管）内に導く．そのとき，流れ落ちる水を，単位時間に重さ M_U の水の固まりがすき間なく連なっていると考える．このことにより，最も基本

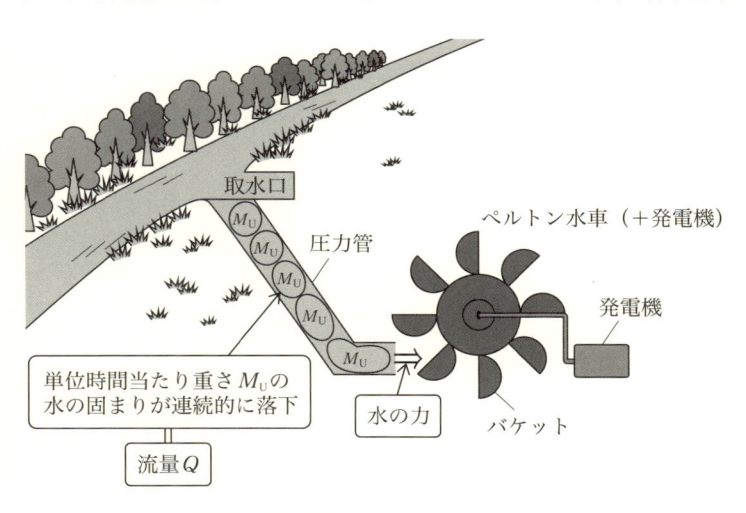

図2・5　水力発電のしくみと水の力

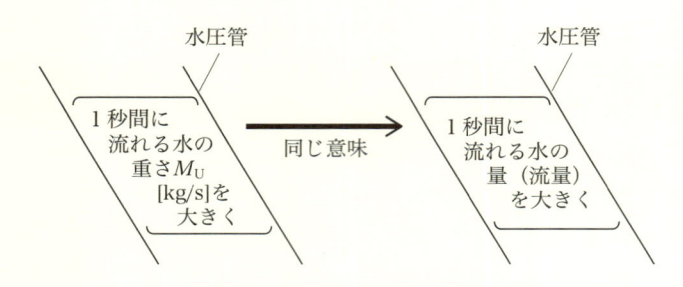

図2・6　単位時間当たりの水の重さと流量

的な力の定義における水の重さ M や，エネルギーの式(1)を少し拡張すれば水力発電の理論を展開できるのである．また，水の力を水車に強く作用させて発電量を大きくするには，できるだけ M_U を大きくすべきであることは図より容易に推測できることである．

　図2・6に示すように一秒当たりの1個1個の重さ M_U を大きくすることは管内の一秒当たりの流量 Q を多くすることである．加えて水の落下距離 H が大きくなれば，加速度の関係で速度が大きくなり，水車に作用する水の力が強くなることは容易に理解できるであろう．

　このようにして水車に作用した「水の力」 P_0 を，電気の単位で表したものを理論水力 P_0 という．言い換えると，この理論水力が水の実用的発電能力を表している．理論水力 P_0 の数式的取り扱いは，巻末付録2に詳細に説明している．まとめると，

水力発電：第四重要項目

発電用水車に作用する「水の力」：理論水力 P_0 の大きさは，
　　水の実用的発電能力を表している．その大きさは，
「重力加速度 G，水の流量 Q，有効落差 H に左右される」

通常，水力発電用水の落下距離を有効落差 H [m] で表すが，その大きさについてはダムからの水の取り入れや用水路からの取り入れなどのその在り方により複雑である．有効落差 H [m] の数式的取り扱いは，巻末付録3に詳細に説明している．

(ii) 発電所出力電力量

発電所では，水の力により水車や発電機を稼働して電気を発生している．このように装置を使用する場合，装置効率＜1であるために水の力は電気変換時に軽減される．

$$発電所出力 < 理論水力$$

また，社会において使用する電気量は発電所から送られてきた電力を何時間使用したかが重要である．

$$受電電力 \times 時間 = 電力量 \text{ [kWh]}$$

つまり，発電所から見れば送電した電力量 [kWh] の大きさが重要となる．結局，実際に発電した電気量は，「理論水力」に装置効率による軽減を考慮し，さらに使用する時間 h をかけ算した電力量 [kWh] として算定するのが実用的である．これが，発電所出力電力量である．

これらの数式的取り扱いについては巻末付録2に詳細に説明している．まとめとして，

―――――― 水力発電：第五重要項目 ――――――

発電した「電力量 [kWh]」の大きさは，理論水力 P_0 に使用（発電）時間と装置効率をかけ算した値となる

以上，水力発電の基礎的知識として，第一重要項目〜第五重要項目まで論理的に説明を行ってきた．これらより基本的要素を抽出す

ると，図2・7のような項目に注目すれば良いことになる．図2・8は，発電所出力の電気量を左右する基本的要素の影響度を図的に表現した発電電力量要素“樽”である．

　発電電力量要素“樽”は関係する各基本的要素の板により囲まれた

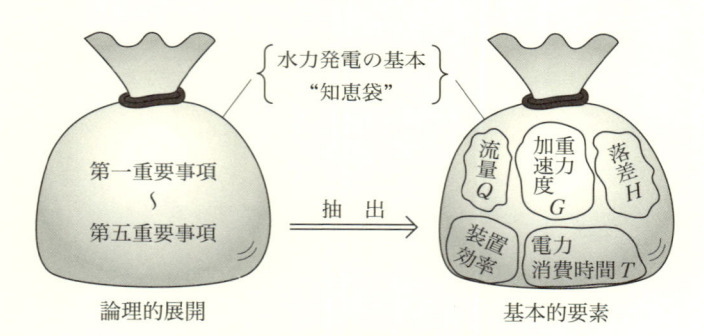

図2・7　水力発電の基本的要素

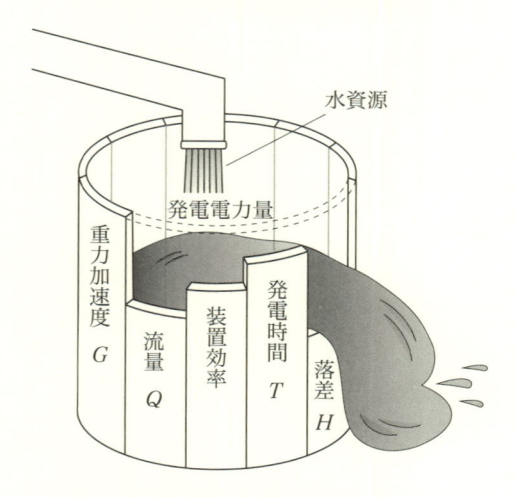

図2・8　水力発電の発電電力量要素“樽”

"樽"であり，中には発電電力量を表す液体を溜めることができると考える．

発電電力量要素 "樽"
・どの要素板がはずれても電力量は "0" となる
・電力量は，低い要素板に強く影響を受ける

2.3 ベルヌーイの定理

図2・9は，ベルヌーイの定理を考えるときのモデル図である．この定理は，パイプの中を流れる液体の流速測定や，圧力管内で発生する高圧力などの説明に役立つ実用的な定理である．

いま，同図に示すように水面の高さが H_0 [m] の一定に保たれているダムから，テーパー状の水圧管を通して水が流れ出ている場合を考える．水圧管がテーパー状であるから，水は各所で流速が変化する．ベルヌーイの定理は，この流速が異なる各所の水がどのようなエネルギーを保有しているかを検討し，導き出される定理である．

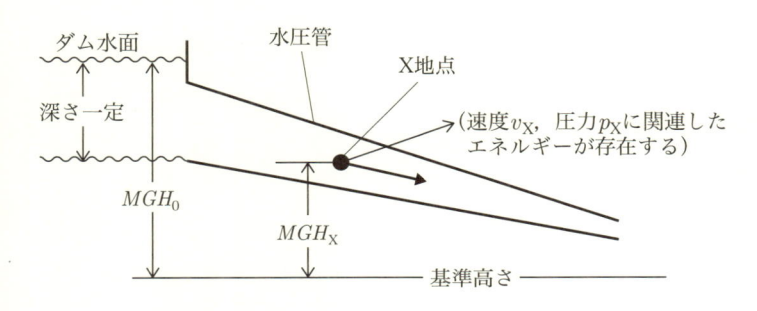

図2・9 「ベルヌーイの定理」誘導のモデル

パイプの中の水はどの地点でもむらなく Q [m³/s] の流量で流れ，またパイプ内は摩擦などによる損失が無いものとする．このような状態で，各位置におけるエネルギーに注目する．

① H_0 の高さにある水面の水は，式(1)相当の位置のエネルギー E_0 $= MGH_0$ が存在する．

②パイプ中の任意の場所，X地点の水には，同様にその位置の高さ H_X [m] 相当の位置のエネルギー $E_X = MGH_X$ が存在する．

③X地点では水が流れており，速度 v_X [m/s] に関係する運動エネルギー Ev_X が存在する．

④水には重さがあり，圧力 p_X [kg/m²] に関係する圧力関連エネルギー Ep_X も存在する．

前述の2.1(ⅲ)の水力発電：第三重要項目で示したように，エネルギーには "エネルギー保存の法則" の特性があり，上の [①] と [②〜④] の間では次のことがいえる．

もし，エネルギーの大きさを重さとして計る "エネルギー天秤" があるとすれば，[①] と [②〜④の総和] をその天秤で計ればちょうど同じ重さになるはずである（図2・10）．水面において保有していた位置のエネルギーの大きさは，流れ出るパイプ中のどこにおいても維持されているのである．まとめると，

———— ベルヌーイの定理におけるエネルギー関係 ————

ダム水面が保有していた位置のエネルギーの大きさ E_0 は，パイプ中のどこにおいても，

「位置のエネルギー E_X，運動エネルギー Ev_X，

圧力発生エネルギー Ep_X の総和に等しい」

数式的表現は，巻末付録4参照する．

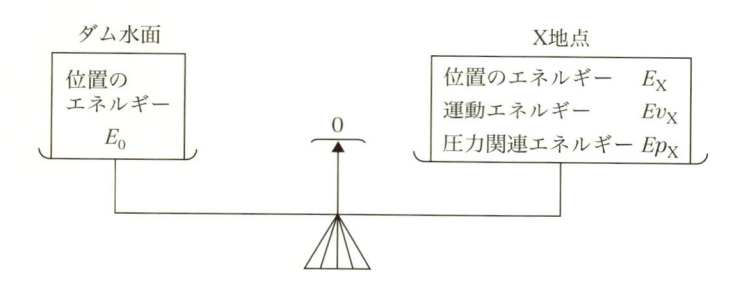

図2・10　エネルギー天秤によるベルヌーイの定理

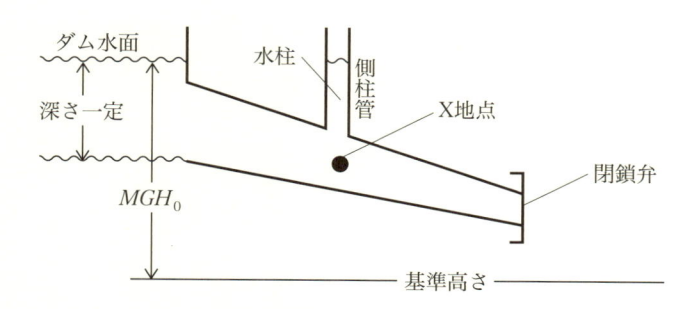

図2・11　ベルヌーイの定理における側柱管水位（静水のとき）

　次に，水圧管の先端を閉鎖弁により閉じて，水流がない状態とし，水圧管の側面にパイプ状の垂直側柱管を立てた場合を考える．このとき側柱管内の「水柱の高さは」，図2・11に示すように，ダム水面の高さまでとなることが容易に想像できるであろう．

　さらに，図2・12に示すように先端の閉鎖弁を開き，水圧管に流れを発生させる．このとき側柱管水柱は，流れに引き込まれる．

　この水柱引き込み分の高さは，流れ成分の水柱高さであり，速度 V_X 関連のエネルギー Ev_X である．

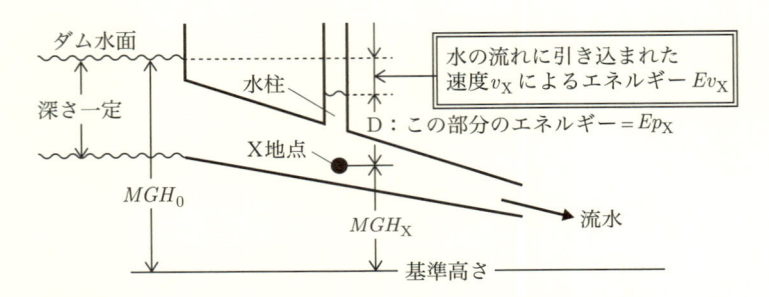

図2・12　ベルヌーイの定理における側柱管水位（流水のとき）

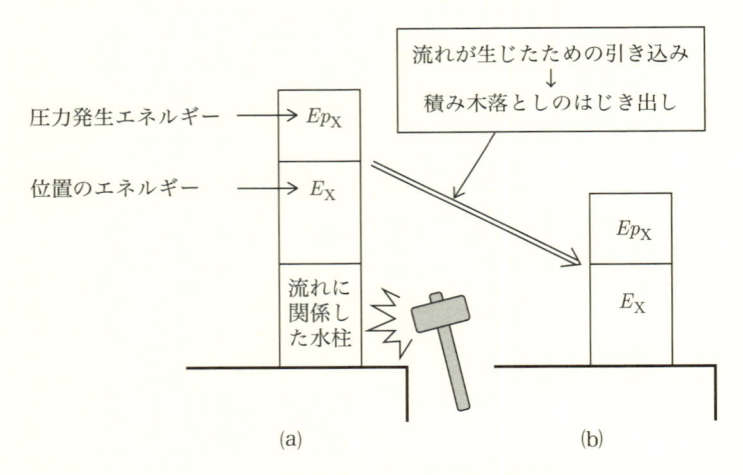

図2・13　"積み木落とし"と水柱位置の類推

● D 部分のエネルギーは，図2・9のエネルギーバランスより考えて圧力 p_X に関連したエネルギー Ep_X である.

　この様子は，積み木遊びの一種"積み木落とし"に類似している. 図2・13(a)に示すように，積み木を重ねて柱を立てている. 積み木は，X地点で存在する位置のエネルギー E_X，運動エネルギー

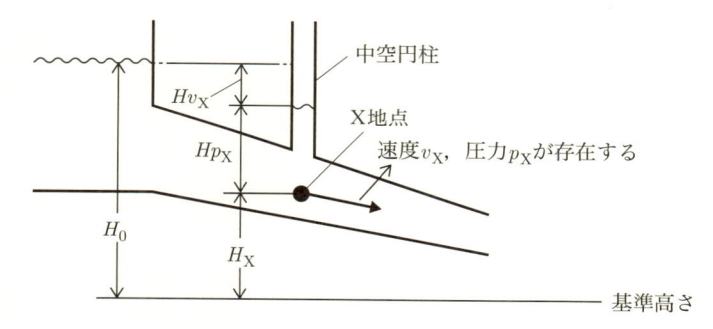

中空円柱

X地点
速度 v_X，圧力 p_X が存在する

Hv_X

Hp_X

H_0

H_X

基準高さ

図2・14　ベルヌーイの定理：各「水頭」の位置関係

Ev_X，圧力発生エネルギー Ep_X により現れる水柱になぞらえたものであり，同図のように三つの積み木による柱である．

そこで，木槌により最下部の積み木をはじき出す．(b)は，はじき出したあとの積み木の柱である．はじき出された積み木が，水が流れはじめたために引き込まれた水柱分に相当すると考える．X地点の高さに変化がなく，位置のエネルギー E_X は変化がないものであり，その上には水の重さに関連した圧力発生エネルギー Ep_X が残っていることをイメージできるであろう．

ところで，図2・9〜図2・12までの水柱高さは式(1)で示した基本的なエネルギーの MGH_0 で表示してきた．ここで，エネルギー量を MG で割って H_0 と単純化する．

この操作で図2・12は，次の図2・14に示すように表示が変わる．つまりエネルギー相当の高さを，単純な高さ m を表す「H」の文字に置き換えるのである．エネルギー相当の水柱高さの特性は，単純な「m」の高さで検討してもその傾向に代わりがない．これら H のもつ物理的意義は，それぞれ水柱におけるてっぺんの高さを意味するものであり「水頭」と名付けられている（巻末付録10参照）．それぞ

れ次のように表す．$H_0 \equiv$ 位置の水頭，$Hp_X \equiv$ 圧力水頭，$H_X \equiv$ 位置の水頭，$Hv_X \equiv$ 速度水頭

━━ ベルヌーイの定理における水頭関係 ━━

ダム水面が保有している位置の水頭の大きさ H_0 は，パイプ中の各地点における，

「位置の水頭 H_X，速度水頭 Hv_X，圧力水頭 Hp_X の総和に等しい」

2.4 流速の測定

　水力発電において，水の力を有効に引き出すためには，水圧管内のいろいろな条件下における水の動き（流速）を知る必要がある．ここでは流速の測定法について述べる．

(i) ベルヌーイの定理応用の流速測定

(1) 水頭の実測による流速測定（速度水頭 Hv_X の実測による流速測定）

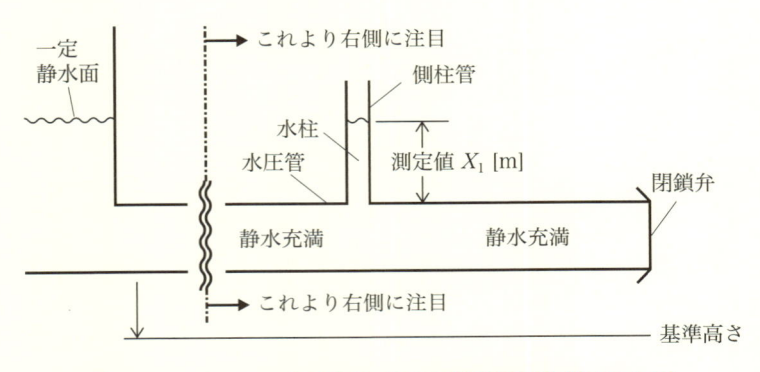

図2・15　ベルヌーイの定理における側柱管水位（静水のとき）

　まず，図2・15の水圧管においてその先端にを閉鎖弁を設置し，そ
を動作して流れを止めているときの側柱管水柱の高さを測定し，「測
定値 X_1 [m]」を得る．次に，図2・16のように閉鎖弁を取り外し一
定の速度 V [m/s] で流れを生じさせる．このとき側柱管水柱高さは，
図2・11〜図2・13で説明したように流れに引き込まれて低くなる．
このときの高さを測定し，「測定値 X_2 [m]」を得る．

　この測定値より，$X_1 - X_2 = h_X$ [m] を得ることができる．ここに
h_X [m] は，図2・15〜図2・16にかけて説明したように，流れが生
じたための引き込みの減少分であり，$Hv_X \equiv$ 速度水頭に相当する．
つまり，測定した h_X の数値は Hv_X の数値を得たことになる．

$$h_X = Hv_X \tag{2}$$

後の付録で詳しく誘導しているように，$Hv_X \equiv$ 速度水頭は次式で
表される（巻末付録7参照）．

$$h_X = Hv_X = (v_X{}^2 / 2G)$$

$$\text{（ただし，} v_X \text{が流速，} G \text{は既知の重力加速度）} \tag{3}$$

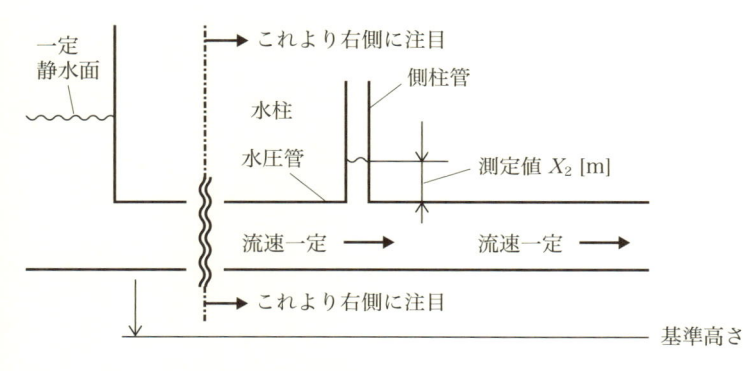

図2・16　ベルヌーイの定理における側柱管水位（流速一定）

これより，

$$\therefore \ \text{流速} \ v_X = (2Gh_X)^{\frac{1}{2}} \ [\text{m/s}] \tag{4}$$

となり，測定により得られた h_X により流速 V_X を算出できる．実際の圧力管内の流れは，中心に近いほど幾分早くなる．管内の平均流速としては，補正係数 k が用いられる場合がある．

この場合，次式となる．

$$\text{流速} \ v_X = k(2Gh_X)^{\frac{1}{2}} \ [\text{m/s}] \tag{5}$$

$$k \fallingdotseq 0.96 \sim 0.98 : 通常の補正係数範囲$$

h_X の計測により速度 V が得られる．

(2) ピトー管による流速測定

図2・17は，ベルヌーイの法則を原理として応用しているピトー管による流速測定の説明図である．

液体が流れている管は，水平に設置されており流れは一様であるとする．側面に立てた中空の円柱Aには，図のような圧力水頭が表

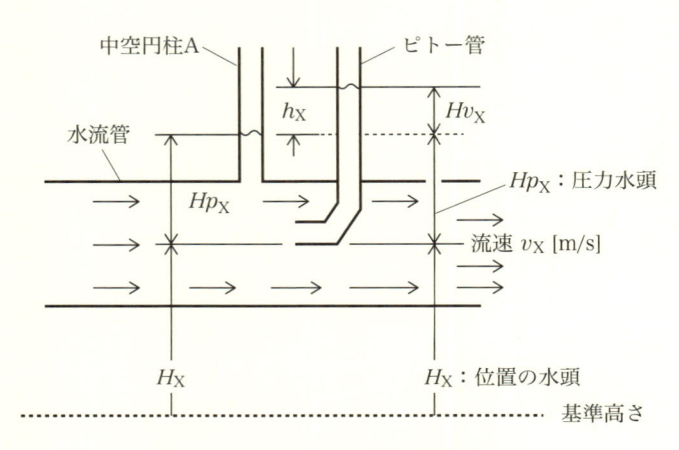

図2・17 ピトー管による流速の測定

れる．そのすぐ近くに先端が直角に曲がっているピトー管を，先端を流れに直角になるように設置する．ピトー管は，圧力水頭 Hp_X に加えて流れ成分を検出できるよう先端が曲げられているので，速度水頭 Hv_X に関連した水柱が表れる．

　流れが水平であるから両者の水柱管において，両者の圧力水頭および位置の水頭は等しいはずである．結局，両者の水頭差 h_X は図のように速度水頭 Hv_X になる．

$$h_X = Hv_X = (v_X{}^2/2G) \text{（巻末付録5参照）} \tag{6}$$

$$\therefore \text{流速 } v_X = (2Gh_X)^{1/2} \, [\text{m/s}] \tag{7}$$

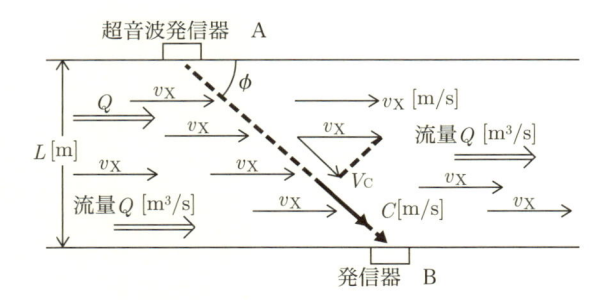

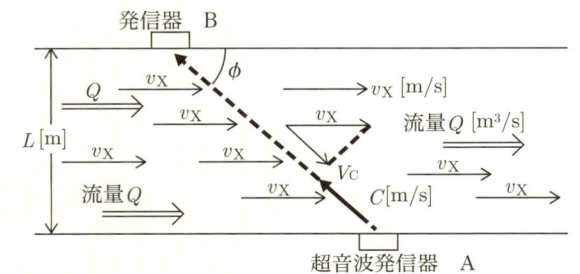

* V_C は，流速 v_X [m/s] の超音波伝搬方向成分

図2・18　超音波流速計の測定原理図

補正係数が必要な場合，

$$\text{流速 } v_X = k(2Gh_X)^{1/2} \, [\text{m/s}] \tag{8}$$

$$k \doteqdot 0.96 \sim 0.98：通常の補正係数範囲$$

h_X の計測により速度 v_X が得られる．

(ii) 超音波による流速の測定

図 2·18 に示すように流体が均一な速度 v [m/s] で，むらなく流れている．パイプ側面や，川岸に超音波の発信器 A と受信器 B を設置し，発信から受信までの時間 T_A [s] を測定する．次に発信器と受信器を入れ替えて同様の時間 T_B [s] を測定する．

特に，図 2·18 における発信器と受信器の設置角度を $\phi = 45°$ にすることができれば，流速 v_X [m/s] を算出する式は特に簡単なものとなる（巻末付録13参照）．

コラム　流速 v_X 算出の式

巻末付録13に，次の v_X 算出式を誘導している．

$$v_X = L \times \{(1/T_A) - (1/T_B)\} \tag{9}$$

これより，流速 v_X [m/s] を算出できる．L は川幅を示す．

算出式に，液体中の超音波伝搬速度 C が含まれていない．そのため，液体の種類に関係なく測定可能となり，広く使用されている．

2.5　河川水量

河川の水量は，当然のこととして周囲から流れ込む集水量に左右される．集水量は分水嶺に囲まれた「流域面積」に関係する．河川流域の面積 S [km²] に降った年間の降雨量 h [mm] の行方として，大気

への蒸発量，植物が生長するために吸収する量，地層に浸透して地下水となり他所へ流れ去るものなどがある．これらの残量が河川に流れ込む「集水量」であり水力発電に利用できる河川流量 Q [m³/s] となる．

「集水量」の主なものは，降雨のあと比較的短時間に小川などを経て直接流れ込むもの，流域に分布する植物の落ち葉による堆積層に蓄積した雨水がゆっくり流れ込むもの，地層に浸透して地下水となりその一部が流れ込むものなどがある．

いま，流域面積を S [km²]，流域の年間降雨量が h [mm] であり，この面積に降った水量のすべてが流れ込んで河川流量となるとすれば，年間平均流量として Q_{AV} [m³/s] は次のようになる．

$$Q_{AV} = \underbrace{(h/1\,000)}_{\text{mm を m へ}} \times \underbrace{(S \times 1\,000^2)}_{\text{km² を m² へ}} / \underbrace{(365 \times 24 \times 60 \times 60)}_{\text{年間 [秒] 総数}} \quad (10)$$

$$\therefore Q_{AV} = hS/31\,536 \text{ [m}^3\text{/s]} \quad (11)$$

当然のこととして $Q < Q_{AV}$ となる．ただし，Q は水力発電に利用できる河川流量とする

$$Q/Q_{AV} = k_L \quad (12)$$

ただし，$k_L \equiv$ 流出計数

以上から「河川流量 Q」は次式のように与えられる．

$$\therefore Q = k_L\,Q_{AV} = k_L\,hS/31\,536 \text{ [m}^3\text{/s]} \quad (13)$$

この水量すべてにより，有効落差 H [m] の発電設備（水車効率 ζ_W，発電効率 ζ_G）で発電した場合，その出力 P [kW] は式(14)のようになる．ζ_W，ζ_G は，それぞれ水車効率と発電機効率である．

$$P = 9.8 \times \{\,k_L\,hS/31\,536\,\} \times H\zeta_W\,\zeta_G \text{ [kW]} \quad (14)$$

前ページで述べたように Q は降雨量に左右されるので一定の流量ではない．毎日の平均流量を測定し，大きいものから順に並べてグ

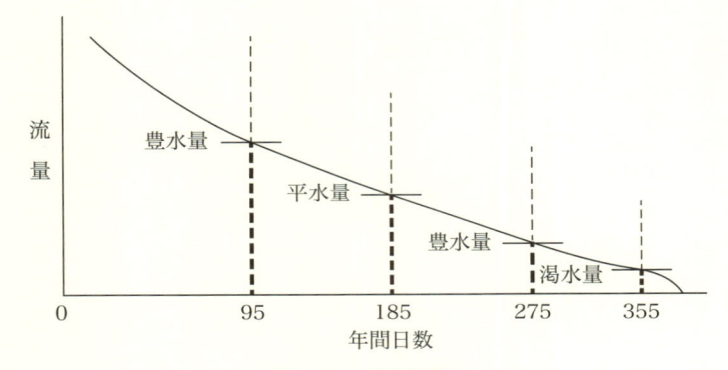

図2・19 流況曲線

ラフにしたものを「流況曲線」という（図2・19）.

図2・19において，横軸は暦に関係せず，7〜8月，12〜2月は渇水期で渇水量の範囲となる. 通常流量は次のように区分されている.

豊水量：1年間の95日間これを下回らない流量

平水量：1年間の185日間これを下回らない流量

低水量：1年間の275日間これを下回らない流量

渇水量：1年間の355日間これを下回らない流量

2.6 圧力サージの発生

水力発電の水圧管では，ある条件が揃うと高圧力が発生する.

（i）なぜ圧力が高くなるの？

ベルヌーイの式を求めるときのモデル（図2・9，図2・11）のような水圧管の出口に閉鎖弁を設置する. 流れが生じているとき，水圧管先端の閉鎖弁を高速で閉鎖する. その瞬間（過渡的時間帯），図2・20に示すように圧力が高くなる特異現象が起こる場合がある.

> ### コラム　水圧管内の過渡的高圧力発生
>
> 　水圧管先端で，高速の閉鎖弁動作や流速の急変があると流れている水の運動エネルギー（速度水頭の成分）が圧力発生の基となる．その圧力の大きさは，流速の２乗に左右されるので，大きな値となることがある（巻末付録14参照）．

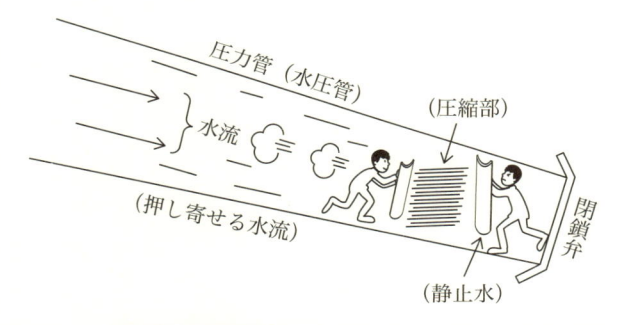

図2・20　水圧管先端の閉鎖弁動作時における高圧力発生の様子

　水にはわずかの伸縮性がある．そのため，弁が動作した瞬間に弁直前の水はただちに停止する．しかし，ほんの少し離れた上部の水はまだ流速を持ったままつっこんでくる過渡的な時間帯が存在する．つまり停止している水と押し寄せる水の境界付近に，圧縮による高圧力部分の発生を想定することは容易であろう．

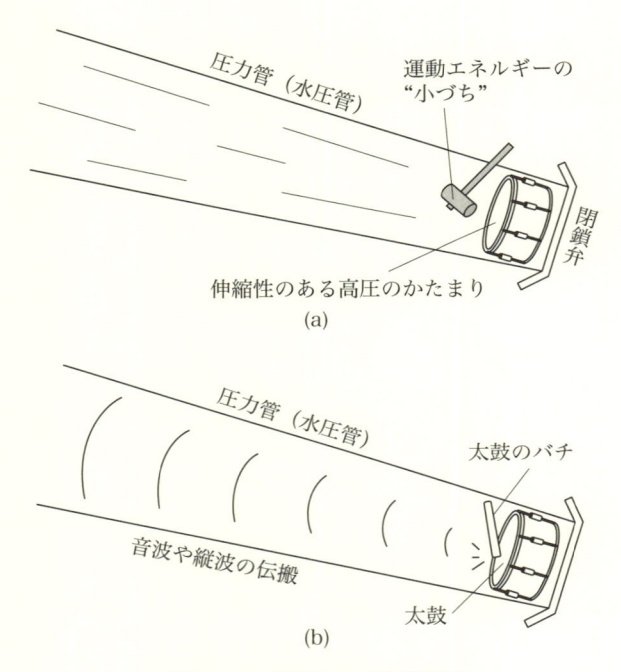

図2・21　高圧力の圧力波伝搬

　短時間ではあるが，完全に流れが止まるまでには時間がかかり，次第に上流から押し寄せる流れが弱まりながら，静止する．結局圧力の大きさは，押し寄せる水の運動エネルギーに大きく左右されることは明らかであろう．

(ii)　どの程度圧力は高くなるの？

　巻末付録4に詳しく示しているが，ベルヌーイの式で運動エネルギーに相当するものは速度水頭の項である．

　・この項は圧力の単位に変換できる．

> **コラム**　**振動性高圧力の発生（圧力変化の過渡現象）**
>
> 　伸縮性があるものに急に力を加えると，条件によるであろうが振動性の過渡現象が発生する場合がある．最も身近な現象は，一方を固定してつるしたバネの先端に，上方（または下方）に一瞬の力を加えたとする．
>
> 　バネは加えている力が無くなっても，ある時間振動したのち停止する．このような短時間現象を過渡現象という．
>
> 　圧力管先端部で流速を急にせき止めるような事態が発生した場合も，この振動性過渡現象の発生の要因が発生する．
>
> 圧力管内の水流急変による振動性現象発生の要因
> - わずかではあるが水に伸縮性があること．
> - 管内に速度水頭に基づく圧力が存在する部分と，その圧力が存在しない部分（制止弁直前）とに圧力差が発生．
> - この圧力差はごく短時間の急激な発生である．
> - 突入する水の流速 V が時間的に変化している（水の突入距離が時間的に変化している）．

- このエネルギーが衝突などを引き起こすと，圧力による水撃として作用する．
- もちろん，この過渡的時間がすぎると全体の流れは停止する．

(iii)　圧力波の発生

　流れがある水圧管先端部で流れに急激変化が起こると，その先端で圧縮による圧力が発生することは既に述べた．そこでは，せき止められた伸縮性のある高圧の固まりに，まだ止まりきれない上部の水の固まりが突入してきており，図2・21(a)のように，"運動エネル

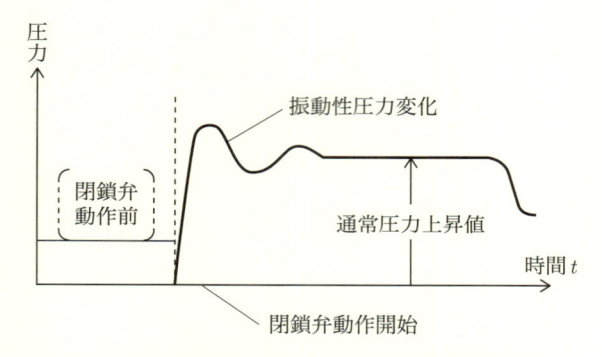

図2・22 予測される圧力サージの振動性過渡現象

ギーの小づち"で伸縮性のある固まりをたたくようなものである.

　身近なものとしては(b)の太鼓を"ばち"でたたくようなものである. 太鼓をたたくと,音波や縦波の圧力波が伝搬してゆくことも周知のことである.

　結局,水圧管先端部のせき止め現象における圧力的高低差のある部分こそが「圧力波」の基となること,さらにこの「圧力波」が上部へ伝搬することも容易に理解できることであろう. 突然に,そして短時間幅の小さな異常値が発生するという意味で「サージ」と呼ばれている.

　現実的には水力発電所の圧力管先端部で,負荷の急変や閉鎖に近いことがおこると,「圧力波」に伴う水撃力で建造物が破壊されるようなことが予想される. 水力発電所の圧力管では,以上のような圧力変化による水撃作用を軽減するため,サージタンクを設けて高圧力を圧力管外へ放出するよう工夫されている.

　このような条件が揃うと,図2・22に示すように振動性過渡現象が発生することも想定しておかなければならない. 同図の圧力は,通常の変化値以上に達することもあり得ることである.

❸ 小水力発電の応用

　小水力発電に使われる水車の形式は，水車に作用させる水の落差と流量で決まってくる．その形式により発電所の施設条件などがおのずと決定づけられる．小水力発電で実用化されている水車は，大きく分けて3つのカテゴリーに分類される．すなわち，衝動水車，反動水車，重力水車である．表3・1に小水力発電水車の分類表を示す．

　本編では，これら各水車の小水力発電の適用例について説明する．

表3・1　小水力発電水車の分類

水車のカテゴリーと実用種類		適用落差 [m]	出力 [kW]
衝動水車 （速度エネルギー）	ペルトン水車	150 ～ 800	100 ～ 5 000
	ターゴインパルス水車	25 ～ 300	100 ～ 8 000
	クロスフロー水車	5 ～ 200	10 ～ 1 000
反動水車 （圧力エネルギー）	フランシス水車	50 ～ 500	50 ～ 20 000
	カプラン水車	20 ～ 80	1 000 ～ 100 000
	プロペラ水車	2 ～ 150	1 ～ 200
	チューブラ水車	3 ～ 20	50 ～ 5 000
重力水車 （位置エネルギー）	らせん水車	1 ～ 5	～ 30
	上掛け水車	3 ～ 6	～ 30
	下掛け水車	1 ～ 2	～ 20

3.1　衝動水車

(ⅰ)　高落差と衝動力

衝動水車は，高落差の取れる場所に用いられる．高落差の位置エネルギーを水圧管からノズルに達するところで圧力エネルギーに変換し，ノズルを通して高速噴射することによって速度エネルギーに変換する．その高速水流を水車に衝突させて回転力を得る．つまり高落差ほど大きな衝動力が得られる．図3・1にそのイメージ図を示す．

水車の直径を大きくすると，回転数は小さくなるが，回転力が大きくなり，負荷が変動しても効率がほとんど変動しない特徴が生じる．また，最大限の速度エネルギーを利用するため，衝動水車の特徴は水流の方向と水車の回転方向を一致させ，水流の速度エネルギーを水車の回転運動に効率よく変換することである．

(ⅱ)　ペルトン水車

アメリカのレスター・アラン・ペルトン（1829-1908）は，当時主流であった反動水車（後述）とは原理の違う水車を考案した．ノズル

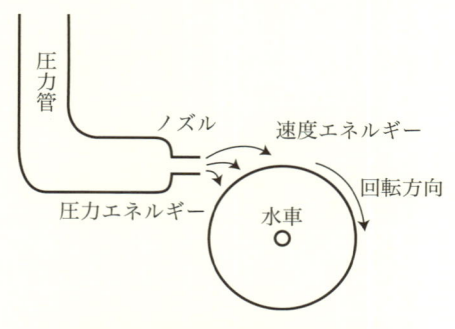

図3・1　衝動水車のイメージ図

から噴出するジェット水流を水車外周に取り付けたバケットに衝突させ回転力を得るもので，高落差の利用できる場所では，広く採用されている．ちなみに，世界最高落差はスイスのビュードロン発電所の1 883 mである．

図3・2(a)にノズルとペルトン水車の概略図を示す．負荷変動時の制水をニードル弁だけで行うと破損する恐れがあるため，ニードル弁の先に噴出流水を拡散させる保護装置ディフレクターが設けられる．同図(b)にその概略図を示す．

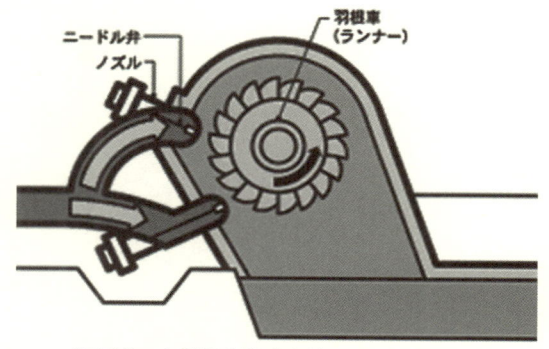

〔出典〕 中部電力株式会社ホームページより

(a) ノズルと水車

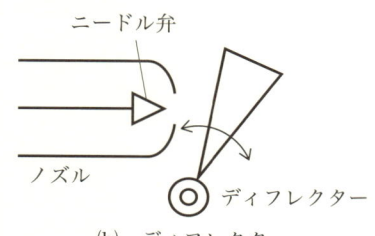

(b) ディフレクター

図3・2 ノズルとペルトン水車

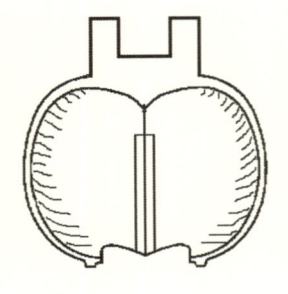

〔出典〕　中部電力株式会社ホーム
　　　　　ページより

(a)　水車ランナー　　　　　　　　　　(b)　バケットの形状

図3・3　ペルトン水車の実際

〔出典〕　日本工営株式会社 NIPPON KOEI NEWS RELEASEより

図3・4　宮崎県椎葉村間柏原発電所堅軸ペルトン水車

　図3・3はペルトン水車のランナーの様子を示している．同図(a)は，ペルトン水車のランナー，同図(b)はバケット形状を示す．バケット先端の切れ目は水の排出をよくするための形状である．

　小水力発電への適用は，宮崎県椎葉村営間柏原（まかやばる）水力

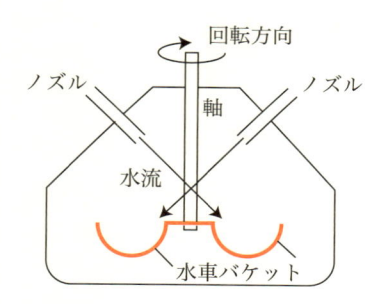

図3・5　ターゴインパルス水車の概略図

発電所（出力750 kW，有効落差191.7 m）など多数の適用例がある．
図3・4に間柏原発電所の堅軸のペルトン水車を示す．

(iii) ターゴインパルス水車

　ペルトン水車は，高落差，小流量に適用されるが，回転力を大きくするためには，直径が大きくなり水車が大型になる欠点があった．この問題を解決するために，中落差で，ペルトン水車の2分の1の直径で同程度の出力が出せるターゴインパルス水車をイギリスの流体機械メーカー，ギルバートギルクス＆ゴードン社が1919年に開発した．この水車のメリットは，噴射水流がバケットに衝突して下方に排出されるとき，他のバケットと干渉しない構造になっている．そのためペルトン水車より流量を大きくとることができ，水車も安価に製作できるメリットが挙げられる．

　図3・5にターゴインパルス水車の概略図を示す．また，図3・6に小水力発電に適用されている，岐阜県中津川市馬籠小水力2号機（出力350 W，落差8.5 m）のターゴインパルス水車の外観を示す．

(iv) クロスフロー水車

　クロスフロー水車は，衝動水車と反動水車の中間的な動作原理を

持ち，フランス水車やペルトン水車に比べて構造が簡単なため安価に製作でき，運転保守が容易，流量の変化に対する効率も比較的よい特徴がある．

図3・7にクロスフロー水車の概略図を示す．ランナーは円筒状で，数十枚の円弧状の羽根が等間隔に外周側板に固定されている．導水管で導入された流水は，ガイドベーン（案内羽根）によって流量制御され，水車へと導かれる．流水は，水車の一方の外周の羽根から入り，円筒内を通り対面の外周羽根へ流れ，水車の直径方向にクロス

〔出典〕　株式会社かんでんエンジニアリングホームページより

図3・6　馬籠小水力2号機ターゴインパルス水車

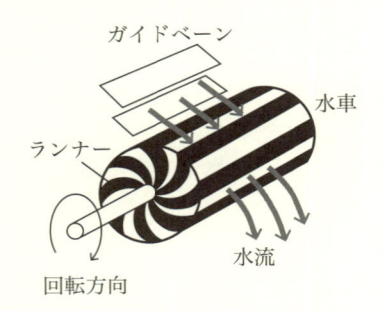

図3・7　クロスフロー水車

して水車羽根に作用するため，効率よくエネルギーを伝達する．

　また，図3・8に実際のクロスフロー水車の羽根を示す．図のように軸方向に仕切りを設け，負荷に応じて流水を水車の軸方向に分けると軽負荷時でも摩擦損失を少なくできるため高効率を保つことができる．

　この水車の適用例として，図3・9に鳥取県日南町新日野上小水力発電所（常時出力70 kW，落差23 m）を示す．この発電所は，1984年に農山漁村電気導入促進法に基づき日南町，日南町農協，日南町森

〔出典〕　イームル工業株式会社　ホームページより

図3・8　出力450 kWのクロスフロー水車の羽根

図3・9　新日野上小水力発電所のクロスフロー水車と発電機

林組合の出資により設立したが，現在は，（株）日南町小水力発電公社に移管されて運営されている．

3.2　反動水車

　反動水車は，流水をランナー（羽根車）に流入させ，水が羽根に当たって向きを変える際の反動を回転力とする水車である．この場合，ランナーに沿う水流の向きと水車の回転方向が逆方向になる特徴がある．水流の持つエネルギーは圧力エネルギーと速度エネルギーであるが，圧力エネルギーを最大限に利用するため，密閉した渦巻ケーシングの圧力筐体が必要になる．

　また，水車ランナーの周辺は水で満たされ，流水の圧力エネルギーを最大限取り出すために，ランナーの流出側の圧力を吸出管を使って大気圧より低くしている．そのため，放水口水面よりも下に水車を設置することが可能になっている．

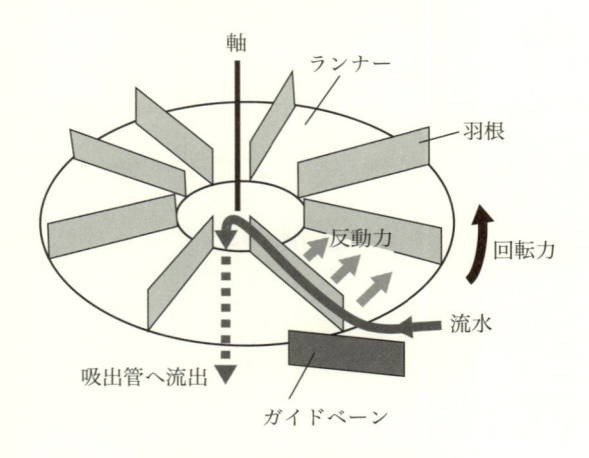

図3・10　反動水車の原理図

図3・10に反動水車の原理図を示す.

（ i ） **フランス水車**

1827年，フランスの技術者ブノワ・フルネーロンは水車の内側から外側に向かって水を流す効率の高い反動水車を開発した．アメリカのサミエル・ハウドは水車の外側から内側に向かって水を流すことにより，回転力を大きくした水車で1838年に特許を取得した．1848年，イギリス生まれのアメリカ人技術者ジェームス・B・フランシスは，これらの水車を科学的理論に基づいた羽根形状やガイドベーン，さらにランナー通る流水の漏水を少なくするなどの改良を行い，90 %の高効率のフランス水車を開発した．この高効率ゆえに水力発電用水車の70 %以上にフランシス水車が用いられている．

図3・11にフランシス水車と渦巻ケーシングの断面図を示す．ま

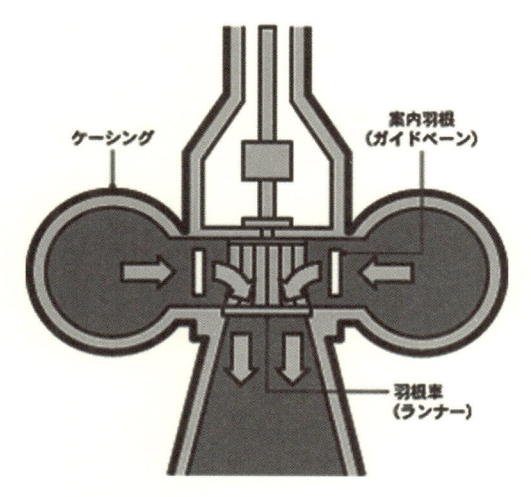

〔出典〕 中部電力株式会社　ホームページより

図3・11　フランシス水車と渦巻きケーシングの断面

た，図3・12にフランシス水車のランナーを示す．

　フランシス水車は，高出力時において，ペルトン水車やカプラン水車（後述），その他の水車に比して最も効率が高い．図3・13に各種水車の出力と効率の関係を示す．図中のN_sは，比速度で有効落差1 mで出力1 kWを出すときの水車の回転数を決める水車固有の定

〔出典〕　中部電力株式会社　ホームページより

図3・12　フランシス水車のランナー

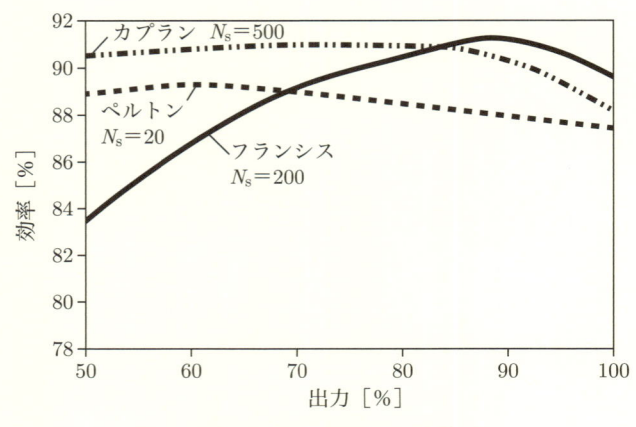

図3・13　水車の出力と効率

数である．N_sが大きいほど水車を小型にできる指標を表している．N_sは，回転速度を決める定数ではあるが，便宜上単位は $[\mathrm{m \cdot kW}]$ を充てている．図中の各水車の効率特性は，それぞれが高効率になる比速度を選定した概略図で表している．フランシス水車は，定格出力域で最も高効率がとなるが，他の水車に比して効率の変動が大きい．これは，低出力域で流水の漏水損失が増え，高出力域ではランナー内の水の相対速度が速くなるため羽根面の摩擦損が増し効率が低下してくるためである．

　小水力発電ではフランシス水車が多用されている．筆者（松原）の地元に大山山麓地区土地改良連合が管理する下蚊屋（さがりかや）発電所がある．江府町江尾の国道181号線から山手に入って4 kmくらいのところにロックフィルダムがあり，ダムの余剰水を利用するこの小水力発電所では，フランシス水車を施設し有効落差51.04 m，最

図3・14　下蚊屋ダムと発電所の全景

大流量 0.51 m³/s，最大出力 197 kW で運転している．このダムは，有効貯水量 344 万 m³ で農林水産省が大山山麓の農地に灌漑用として作ったものであるが，最近の土地改良区事業により国と県が 2012 年に小水力発電所の建設を始めて 2015 年に運用を開始した．図 3・14 に下蚊屋ダムと発電所の全景を示す．

　また，このダムの傍らを通る国道 482 号線は，鏡ヶ成（かがみがなる），蒜山（ひるぜん）方面に向かう道で，南大山の絶景やその周辺の美しい山並みを見ることができる．図 3・15 に下蚊屋から見た大山を示す．

　以上各種水車について実用の小水力発電所を示したが，いずれも地域創生（灌漑，土地改良，防災など）含みの建設がなされており，そのことが小水力発電の特徴であることがよく理解できる．

　下蚊屋発電所の構成施設の写真を図 3・16 から図 3・25 に示す．撮影時期がダム内の修理工事中のため貯水量は 30 ％くらいであった．

　この発電所の水車は，回転数が 1 200 rpm で 6 極の三相同期発電機を回し，電圧 440 V，出力 197 kW の電力を所内に施設してある送電用変圧器で 6 600 V に昇圧して送電している．

図 3・15　下蚊屋から見た大山

図3・16　ダム貯水湖

図3・17　洪水吐

図3・18　取水口のゲート開閉
　　　　　ワイヤー

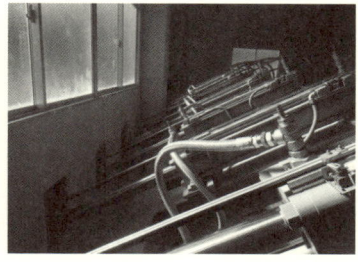

図3・19　取水口ゲート開閉油圧装置

図3・20　発電所小屋

図3・21　発電所入口

図3・22　渦巻ケーシングとフランシス水車

図3・23　発送電制御盤

図3・24　導水管の剰余水

図3・25　放水口付近

(ii)　プロペラ水車とカプラン水車

　効率の高い反動水車が研究される中，1824年にフランスの技術者ジャン・ビクトル・ポンスレー（1788-1867）がプロペラ水車を考案した．ランナーの羽根が軸に固定された構造であったが，極めて効率が高い水車であった．しかし，軽負荷時に流量を少なくすると水流の方向が変わり効率が悪くなる問題があった．そこで，1913年オーストリアの大学教授ビクトル・カプラン（1876-1934）が，負荷が軽くなった場合，流量に応じてランナー羽根の角度を変えることができるカプラン水車を開発した．カプラン水車は変落差，変出力の発

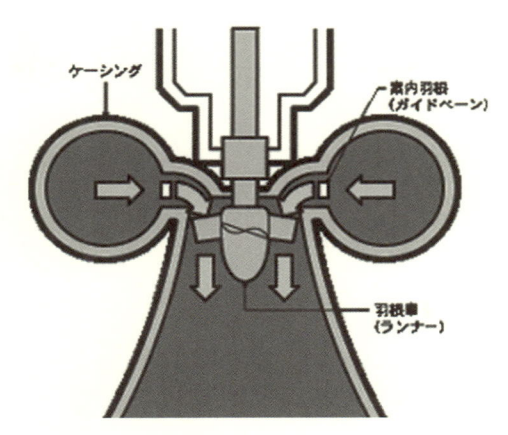

〔出典〕 中部電力株式会社 ホームページより

図3・26 プロペラ水車の断面

〔出典〕 中部電力株式会社
ホームページより

図3・27 プロペラ水車のランナー

図3・28 庄川合口発電所堅軸プロペラ水車(下部ガイドベーンの下側)と誘導発電機(上部)

電所に使われている.また,図3・13に示したようにカプラン水車は比速度が大きく高効率であるので,水車の回転数が高くなり水車を小型化できるメリットがある.カプラン水車は,低落差,大流量

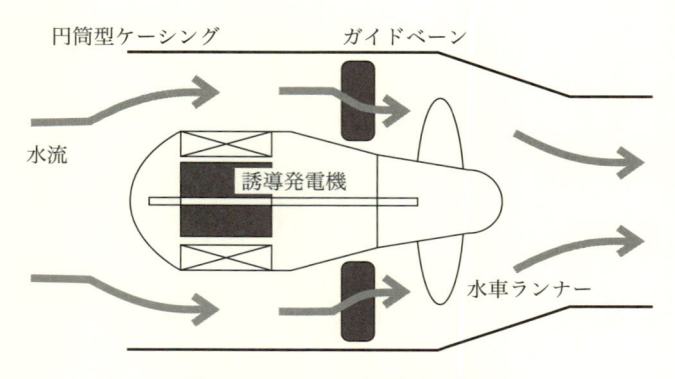

円筒型ケーシング　　　ガイドベーン

水流

誘導発電機

水車ランナー

図3・29　チューブラ水車の概略

に適しているが，可動翼のため高価な水車になることから，小水力発電ではチューブラ水車（後述：図3・29）が使われている.

　図3・26にプロペラ水車と渦巻ケーシングの断面図を，図3・27にプロペラ水車のランナーを示す．また，小水力発電への適用は，富山県砺波市庄川町庄川合口発電所（出力570 kW，落差10.7 m）の堅軸プロペラ水車と誘導発電機を図3・28に示す.

ⅲ　チューブラ水車

　チューブラ（tubular）とは管状の意味で，管状の流水通路の中に可動羽根のカプラン水車，発電機を納めた円筒形ケーシングを固定し，流水を軸と平行方向に流し水車を回転させる．構造が簡単で設備が安価であることや，低落差でも効率よく発電できるので最近の小水力発電所にはよく用いられている．また，経費節減のため同期発電機より安価な誘導発電機が多く使われている．このため，電力系統から離しての単独運転はできないが直流励磁装置が不要などコンパクトにできるメリットがある．図3・29にチューブラ水車と発

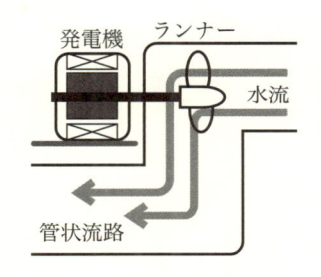

図3・30　S形チューブラ水車　　図3・31　S形チューブラ水車と誘導発電機

電機の概略を示す.

　最近は，発電機を水平方向の管状流路の外に設置するために図3・30に示すような管状流路をS字形にしたS形チューブラ水車がよく使われる．図3・31に装置の配置状況を示す．図中の管状流路のケーシング（右側）から軸が出て左側の誘導発電機にベルトで連結されている様子がわかる．発電機を外に出すことにより大幅な流量変化に対応できる利点がある.

3.3　重力水車

　重力水車は，速度エネルギーも圧力エネルギーも関係するが，大部分が水の重さ（位置エネルギー）によって回転力を得ていると考えられる水車である．導水管や圧力管を必要としない開放型水車のため簡易な構造でよいがエネルギーの損失も大きく，出力は数十 kW 止まりのものがほとんどである.

(i)　らせん水車

　らせん水車は，流入する水をらせん状の羽根にそって流下させることにより水の位置エネルギーを回転力に変えるものである．水車

〔出典〕　次世代エネルギーウェブサイトより

図3・32　薩摩川内市小鷹水力発電所ののらせん水車

全体は開放形式で簡易な構造であるが，落差が大きくなると水車軸が長くなるため低落差で比較的流量の多いところでの使用に適している．設備費も安価で維持管理が容易であるなどのメリットがある．図3・32に薩摩川内市小鷹水力発電所（出力30 kW，落差3 m）ののらせん水車を示す．

(ii) **上掛け水車と下掛け水車**

　昔の田舎では，水車小屋があって水車が水を跳ねながら昼夜を問わずコットンコットンと動いて，精米や穀物の製粉に使われていた．水車と水のからみに心が癒されることがあった．山梨県都留市では，環境問題に市を挙げて取り組んでいる．そのような中で，上掛け水車，下掛け水車を導入して水車の癒しを市民に与えている．

　図3・33に都留市家中川小水力市民発電所の上掛け水車「元気くん2号（出力19 kW，落差3.5 m，水車直径3 m）」を示す．上掛け水車は導水路を水車の上方に設置して，水車羽根に水を流入して回転力を得るものである．また，図3・34に同発電所「元気くん1号（出力20 kW，落差2 m，水車直径6 m）」の下掛け水車を示す．この水車では導水路を

〔出典〕 全国小水力利用推進協議会
ホームページより

**図3・33 家中川小水力市民発電所
上掛け水車「元気くん2号」**

〔出典〕 全国小水力利用推進協議会
ホームページより

**図3・34 家中川小水力市民発電所
下掛け水車「元気くん1号」**

水車の下方に設置して，水車羽根の一部を水中に入れ水流により回転力を得るものである．いずれも，ドイツ，ハイドロワット社製である．

3.4 海洋力発電の応用

2015年エネルギー白書（通商産業省編）の，第3章「再生可能エネルギー導入加速＜具体的な主要施策＞」として多くの項目が挙げられているが，そのなかの一つに次のような記述を見ることができる．

「日本周辺の海洋エネルギー（波力，海流等）の豊富なポテンシャルを踏まえ，海洋エネルギーの活用促進を図るため，浮体式等発電施設の技術的課題について検討を行った」と記されている．

近年日本の電力供給事情においては，再生可能エネルギーの活用が望まれて久しい．しかし，総供給発電量に対するその分野の発電量は約2.2％程度で決して多くない（2013年）．特にその割合に伸びが少ないことが問題である．この分野の自然エネルギーの中で少し

でも開発の余地があるものは、政策的な支援のもとに力を注ぐべきだと考える。

ここで取り上げる海洋力（広義の水力）発電は、実績は少ないが開発の余地が大きい分野であることに違いはない。

(i) どのようにして発電しているの？

(1) 波力発電の実用装置

政府は地球温暖化対策や、東日本大震災以後の脆弱な電力需給構造改善に寄与する技術の一つとして、エネルギー基本計画の中に波力発電を明記している。

今後に向けて、海洋力発電として「50〜100 kWの出力を目指し、単価40円/kWh以下」、という目標を掲げ、開発を促進している。

日本の海岸で、波力発電に利用できる海岸線は約160 kmが可能とされており、潜在的波力発電能力として年平均130万kWを見込むことができると言われている。

その出力 W は、おもに到来する波の波高 H_T と、周期 T_W に左右される。

$$W = k \cdot f\ (H_T,\ T_W)\ [\text{kW}]$$

k：単位整合やエネルギー密度等の補正係数

海外では、実用化した波力発電所もあるが、我が国では実証実験の段階が多く、商業電力系統に接続した波力発電所は2016年現在1件である。

(a) 振動水柱方式：空気タービン式

この方式の一つは日本で実用化され、航路標識ブイ用電池の充電電源として活用されている。世界で数千台が稼働している。

ただし、その出力は小さく30〜60 Wのマイクロ波力発電である が実用価値が非常に高い。そのため広く活用されている。

【原理】

前述の図 1・17 に最も簡単な場合の「水柱振動空気タービン式波力発電」の原理図を示した．波の上下運動（水柱の振動）を空気の流れに変えて空気タービンを回転させている．この場合，波の到来ごとに空気の流れが逆方向になる．

そこで図 3・35 のように，波の上下運動に対し壁に弁を設けて，一方向の空気流を発生させている．

弁を設けていない単純装置の場合，空気の流れが波の上下ごとに逆方向となるが，空気の流れ方向に関係なく一方向に回転する空気タービン（ウエルズタービン）を使用する．この場合についてはすでに述べている（1.6(i)図 1・17 参照）．

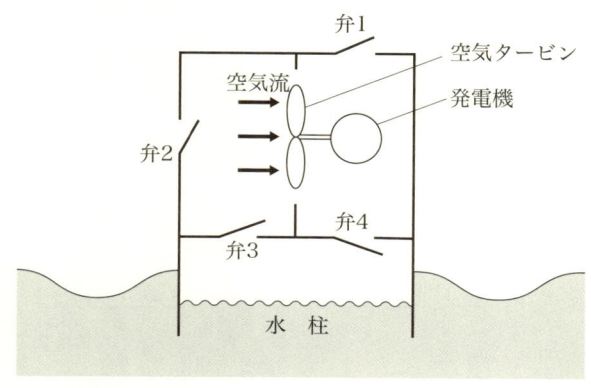

	弁1と弁3	弁2と弁4
寄せ波	開く	閉じる
引き波	閉じる	開く

水柱振動の気流整流式空気タービン波力発電の原理図

図 3・35　実用化の空気タービン方式波力発電装置

このような空気タービン方式は日本で開発され，世界中で稼働している．

(b)　可動物体方式：波受け板式（振り子式）

・「波受け板」式波力発電

2016年，岩手県久慈市の漁港に建設された「波受け板」方式波力発電装置は国内初めて既存の系統電力へ接続され，発電所として稼働を始めた（図1・18参照）．

実用機の図1・18の「波受け板」方式は高さ2 m，幅4 mの大きさで，43 kWの出力である．平成29年度には150 kWに増設した．日本海岸には，たくさんの漁港があり，これらに数多く採用されると，かなり有効なものとなると期待されている．

漁港の防波堤付近に設置されており，近隣の漁協施設や一般家庭へ既存の送電網を利用して活用されている．まさに「地産地消」の運用環境にあり，送電施設建設や送電損失も少ない省エネルギー型装置である．

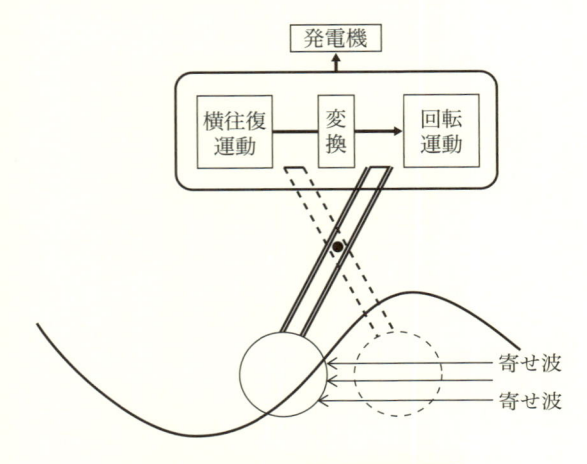

図3・36　振り子式波力発電の原理

・「振り子」式波力発電

図3・36が，波受けとして振り子を利用した装置の原理図である．

図1・18の波受け板方式と同様の原理であるが，浮力による上下運動も力として検出できる可能性がある．上下運動の回転運動への変換は，種々報告されている．

(2)　波力発電の実証試験

(a)　空気タービン方式

・浮体型

電気学会誌：1998年10月号の表紙いっぱいに，波力発電装置の大きな写真「マイティホエール」が掲載された．

図3・37は写真よりイメージした構造原理である．「浮かんでる姿が鯨のように見える」装置で，波の水柱振動を空気の流れに変えている．空気タービン室は図1・17(b)や図3・35に示したような構造である．出力は設備合計120 kWであった．

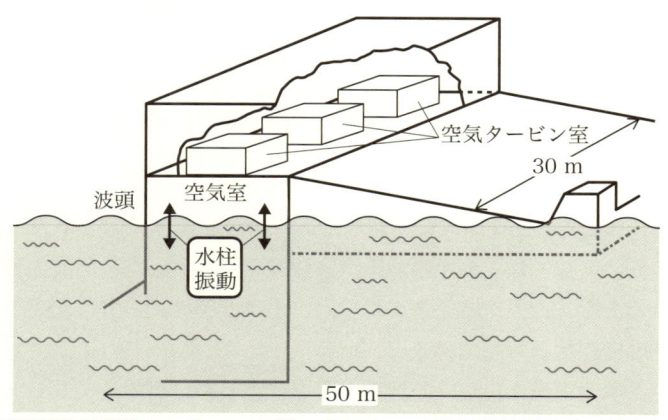

※海洋科学技術センター　　1998〜2002年　　三重県南伊勢町五ケ所湾沖

図3・37　マイティホエール（浮体型）の構造原理

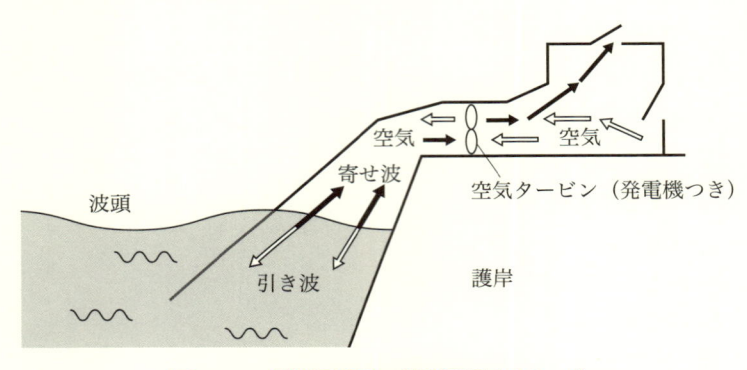

図3・38 護岸固定型：構造原理（イメージ）

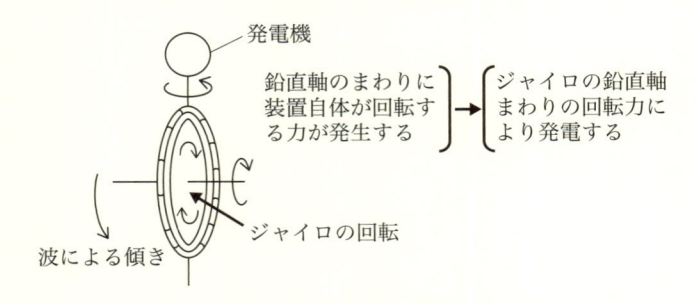

図3・39 海上浮遊型：構造原理（イメージ）

・空気タービン方式：護岸固定型

　図3・38のような原理の装置は，方々で実証実験が行われた．最近のものとしては，山形県酒田港に建設された実証実験用波力発電装置である．この地域は波が高く，古くより護岸式のものが実験され，改良が続けられている．

　山形県酒田港に設置：防波堤や護岸にとりつけ可能なシステム

　　　　　2015年9月から　　NEDO

　　　　　15 kW　　　　　　40円/kWh

・ジャイロ方式

図3・39はジャイロ方式の波力発電原理図である. 回転している
ジャイロを波で揺らすと, ジャイロ効果によりその鉛直軸のまわり
に装置全体の回転力が発する. この回転力を利用して波力発電が試
みられている（出力数十キロ［kW］の実用化を目指し開発が進められ
ている.

⑶ 海洋温度差発電の実証実験

低緯度の海域では, 表面水と深層水（約5℃）との差が20℃以上に
なる地域がある. このような地域では, 表面水で低温沸点の熱媒体
を気化膨張させて蒸気タービンを回転し発電する. 仕事を終えた蒸
気を深層水で凝固させ, 再び気化器に注入する熱サイクルの構成が
可能である.

図3・40はこの装置の原理を概略図で示したものである.
※2013年：沖縄県久米島で実証試験（24時間連続運転）

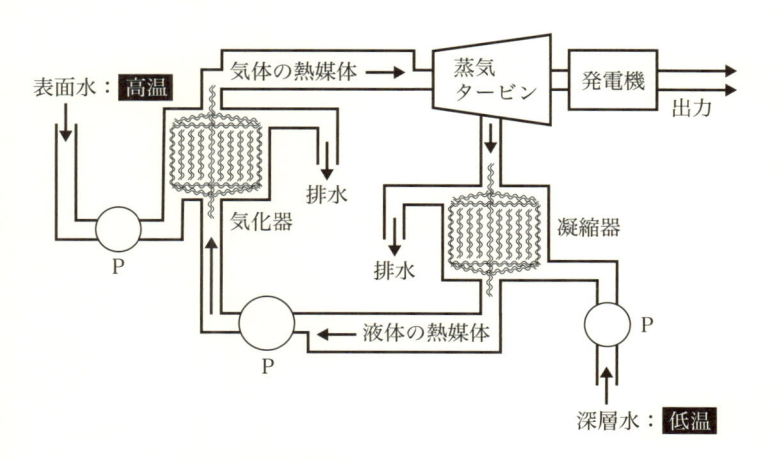

図3・40 海洋温度差発電：熱サイクルの原理図

　　　　・出力50 kW：24 時間連続運転

　　　　・8.5 ℃ の深層水（深さ約600 m），表面水年平均26.5 ℃

(ⅱ)　波力と自然エネルギーの複合発電

(1)　波力・風力の複合発電

　自然現象では，二つ以上の自然エネルギーが同一地域で，同時に発生している場合がある．海洋では，地域や季節にもよるが，波の高いときには風も強いことを多く体験している．そこに，太陽光も差し込んでいる場合がある．

　今まで数多く波力発電の実証試験が行われてきたが，これら同時発生の自然エネルギーを複合して利用するものは見あたらないようである．

　自然エネルギーによる発電量供給量の伸びがあまり大きくないこの時期，いままで見過ごされていた自然エネルギーを複合利用することにより，エネルギー利用効率向上を考えることも価値があるであろう．

　新たな発想による開発技術の試行がきっかけとなり，滞っている技術の進展や普及を一押しすることは，多々あることである．

　図3・41に，波力と風力のエネルギーを複合して蓄積することを目的として筆者の一人（橋口）が考案した装置の基本構造を示した．同図においてG1，G2，G3はそれぞれフリーギアであり，G2，G3により，風力作動部A，波力重畳部B，風力と波力のエネルギーの複合蓄積部Cに区切られているのが特徴である．

　フリーギアは片ぎきのギアで，自転車の車輪についているギアと同じ作用をする．つまりペダルを車輪の回転速度よりも速く踏み込むときにのみ作動し，遅いときは空回りするギアのことである．

　回転により力を発揮する別々の機構を機械的に合体すると，遅い

回転の方がブレーキとなる場合がある．G2，G3はこのブレーキ作用を避けるための部品である．

　図の装置ではG2，G3により，遅い回転の方は空転するような動作となりそれぞれがブレーキとなることはない．ギアは，それより上部が下部を加速するときにだけ作動するのである．

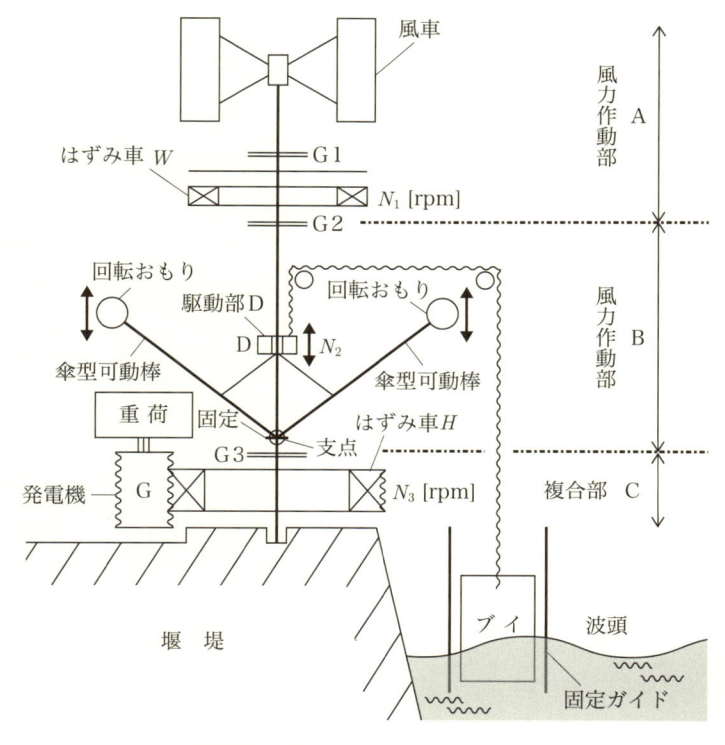

図3・41　複合発電の基本構造

次にG1，G2，G3のギア動作をまとめておく．

　　条件：ギアより上の部分の回転数 ＞ 下の区分の回転数

　　　　　　　　　　　　　↓

　　　　回転力を下部へ伝達する→ギアが作動

　　条件：ギアより上の部分の回転数 ＜ 下の区分の回転数

　　　　　　　　　　　　　↓

　　　　回転力を下部へ伝達しない→ギアは空転

さらにB部に，開閉する逆さまの傘型可動部（重りつき）があるのも特徴である．重りは風による運動エネルギーを蓄える機能を持たせるもので，傘機構の開閉支点は風力を伝達する鉛直軸に固定されており，横方向に回転する．

　G1とG2のあいだのはずみ車は風の変化が激しい場合，はずみ車により変化を緩和するためのものである．

【動作説明】

まず，風が吹いている状態で説明する

※A：風力による発電【寄せ波のタイミング】

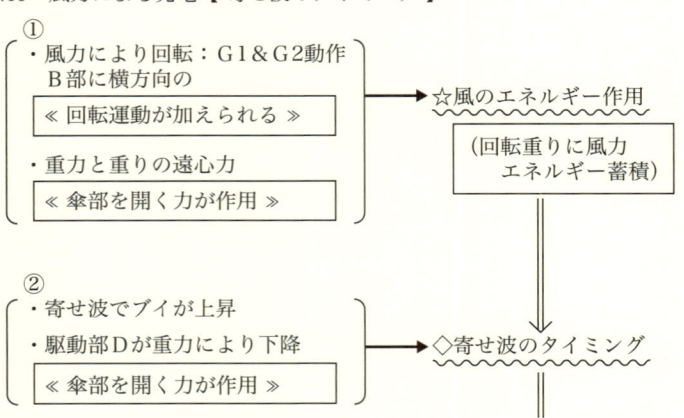

①
・風力により回転：G1＆G2動作
　B部に横方向の
　《 回転運動が加えられる 》
・重力と重りの遠心力
　《 傘部を開く力が作用 》
→ ☆風のエネルギー作用
（回転重りに風力エネルギー蓄積）

②
・寄せ波でブイが上昇
・駆動部Dが重力により下降
　《 傘部を開く力が作用 》
→ ◇寄せ波のタイミング

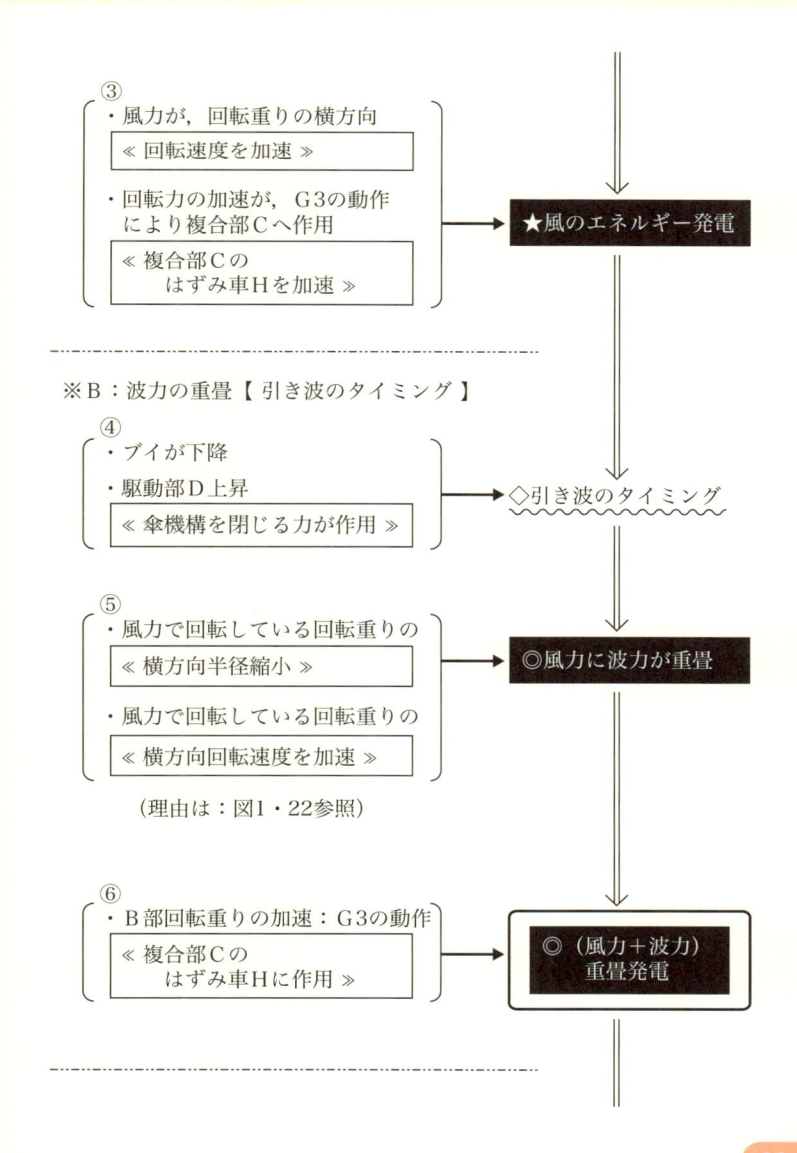

③
- ・風力が，回転重りの横方向

  ≪ 回転速度を加速 ≫

- ・回転力の加速が，G3の動作
  により複合部Cへ作用

  ≪ 複合部Cの
  　　はずみ車Hを加速 ≫

★風のエネルギー発電

※B：波力の重畳【 引き波のタイミング 】

④
- ・ブイが下降
- ・駆動部D上昇

  ≪ 傘機構を閉じる力が作用 ≫

◇引き波のタイミング

⑤
- ・風力で回転している回転重りの

  ≪ 横方向半径縮小 ≫

- ・風力で回転している回転重りの

  ≪ 横方向回転速度を加速 ≫

（理由は：図1・22参照）

◎風力に波力が重畳

⑥
- ・B部回転重りの加速：G3の動作

  ≪ 複合部Cの
  　　はずみ車Hに作用 ≫

◎（風力＋波力）
　重畳発電

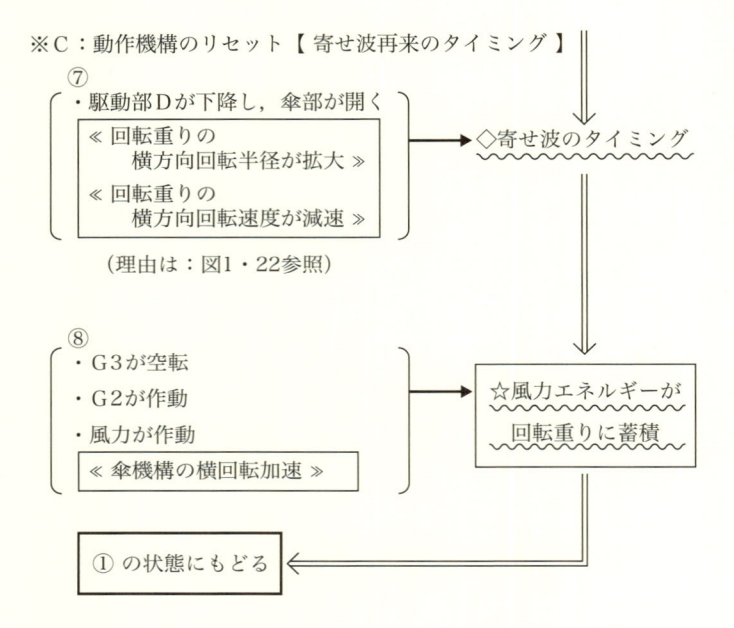

以上，寄せ波・引き波の到来ごとに①〜⑧が繰り返され，（風力＋波力）の複合連続発電が可能となる．

なお，本装置では傘の機構を利用して，波の上下運動を回転おもり半径の変化に転換しているが，他にも考えられる．たとえば，単純に回転重りを水平方向に移動させる方法もある．また，風力単独でなく，太陽光エネルギーなどとの複合も考えられる．

図3・42は，波の到来ごとのはずみ車回転数変化を示す実験結果である．ただし，基本装置の発電機と負荷を取りはずしたときのものである．波の到来ごとに，はずみ車Hの回転数が増加していることが顕著に現れている．つまり，風力の回転数に波のエネルギーによる回転数が重畳された結果である．

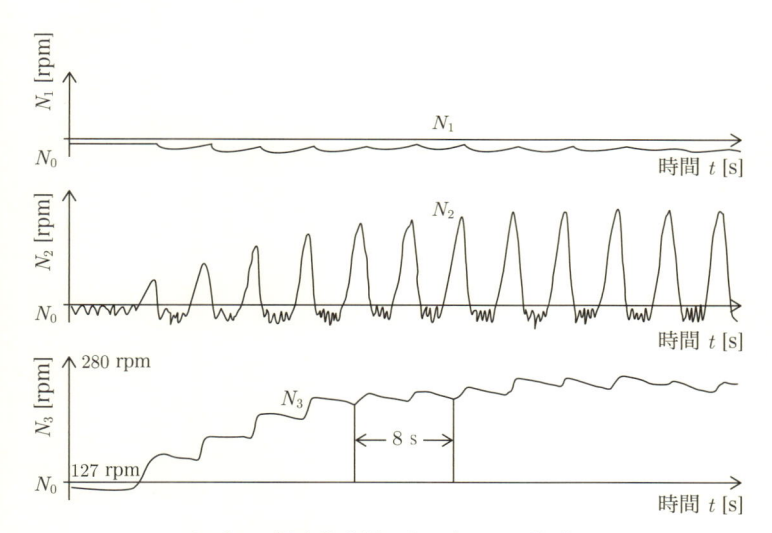

ただし，風力作動部はすみ車 W の回転数 N_1，
波力駆動部回転おもり回転数 N_2，
エネルギー蓄積はずみ車 H の回転数 N_3

図3・42 波力・風力の複合装置の出力電圧波形

　図3・43は実験模擬装置に発電機と負荷 $R\,[\Omega]$ を取り付けたとき，負荷の電圧出力波形を示した．図3・44に，その電圧出力波形より求めた出力電力波形を示した．

　風力により出力されている電力波形に，波力による出力が重畳されていることがよくわかる．この装置を大規模化すれば，風力・波力重畳の動作が得られる確証を示す波形である．

(2) 波力・風力・太陽光の複合発電

　図3・44は，図3・43の電圧波形により求めた電力相当の変化である．図3・43は太陽・風力・水力の複合利用を考えた装置である．

波の静かな夏は，太陽エネルギーと風力エネルギー発電が主である．比較的太陽エネルギーが弱い冬は，風力と波力のエネルギーの発電が主となる．

市販の「風力と太陽光複合利用の街灯装置」は，よく見かけることであろう．この市販の機構と図3・41の基本構造を組み合わせると波力重畳の追加装置となる．

ただし，G2より下部の波力重畳部と，複合部の構造は，図3・41の複合発電の基本構造と同じであり省略した．図3・45のように風力・太陽複合エネルギーをバッテリーに蓄え，モーターを回転させる．その回転を，図3・41の基本構造のG1に加える．そのトルクをG2に伝達し，波力重畳部Bおよび複合部Cを駆動する．以上，複合エネルギー利用のアイデアと実験結果を示した．天秤にかけると，両者はDを調節して平衡を保つことができる．天秤が平衡になるときのはDの数値は，4.18であった．

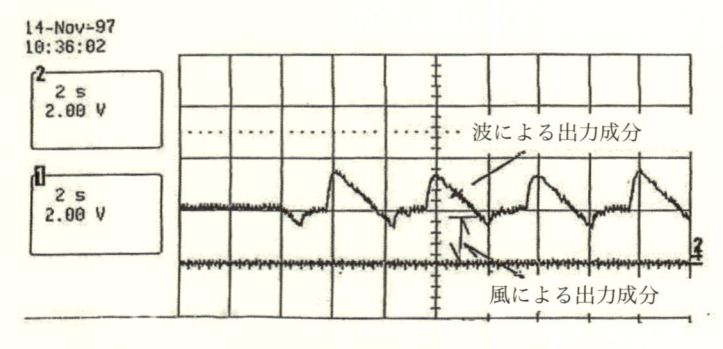

図3・43　波力・風力の複合発電装置の出力電力波形

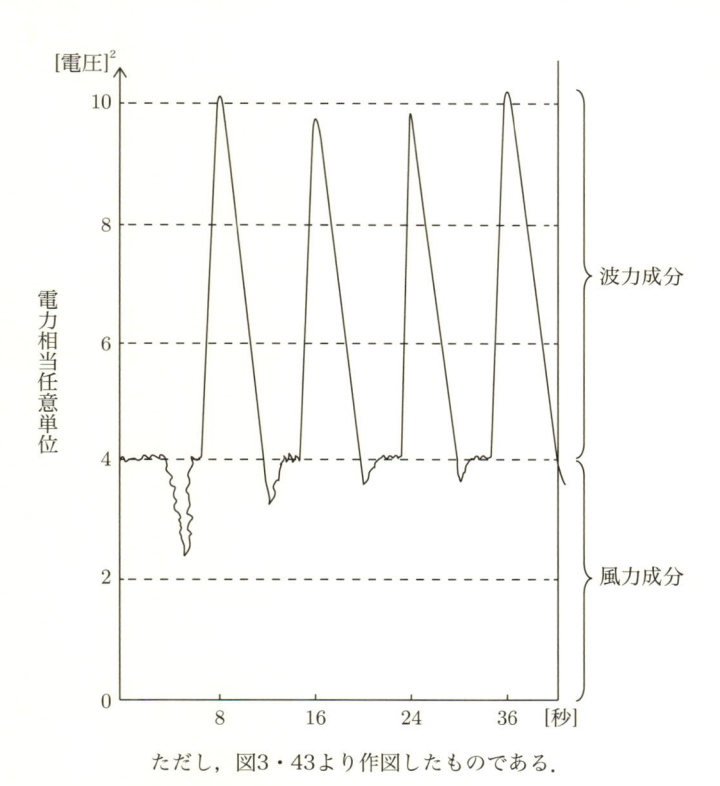

ただし，図3・43より作図したものである．

図3・44　波力・風力の複合発電装置の出力電力波形

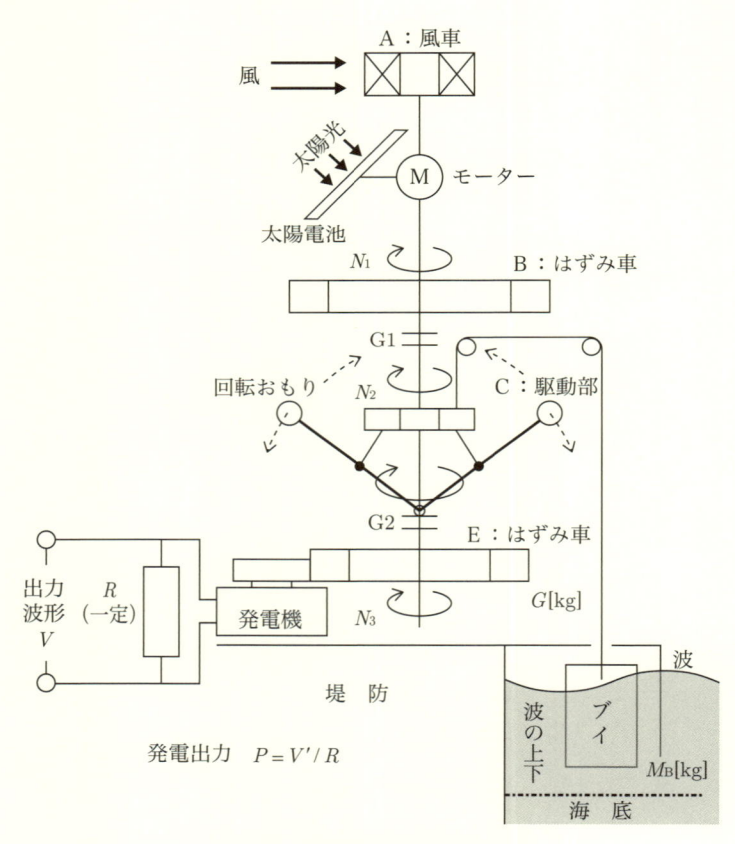

図3・45　太陽・波・風の複合利用

～巻末付録～
本文の補足Q＆A

1　エネルギーの単位，ジュールについて

【質問】

　単位 $J = W \cdot S$ がエネルギーであることを，付図1に示すように，ガスにより水を加熱した場合と電気により加熱した場合を比較して説明せよ．

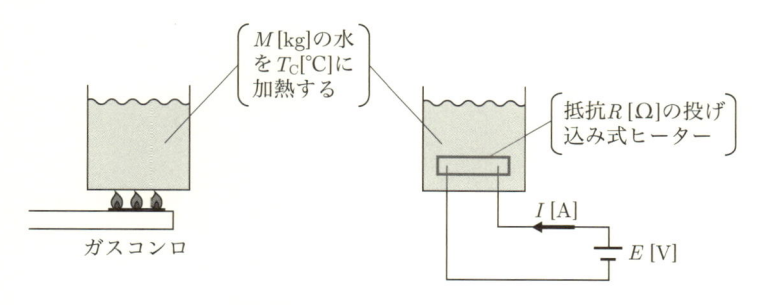

付図1　ガスと電気による加熱

【答え】

　いま，ガスと電気の熱損失のない加熱装置で，重さ M [kg] の水を T_C [℃] に加熱する場合を考える．

　水の比熱を C [cal/℃·kg] とすれば，両者投入エネルギーは次のようにまとめられる．

投入ガスエネルギー H_C	投入電気エネルギー U
・T_C [℃] までの加熱に投入された熱エネルギーを H_C [cal] とする． ・$M \times C \times T_C = H_C$ [cal]	・T_C [℃] までの加熱に t [S] を要した．その間に投入された電気エネルギーは次式である． ・$I^2 R t = (E^2/R)t = U$ [W・S ≡ J]

　この場合同じ水の量を同じ温度まで加熱したのであるから，両方の投入エネルギーは同じ種類のものである．もしエネルギーを計測する天秤があるとすれば，両者を天秤で比較することが可能である．

　しかも，付図2に示すように電気エネルギーに D の計数を乗じて天秤にかけると，両者は D を調節して平衡を保つことができる．要するに D は単位整合係数がある．

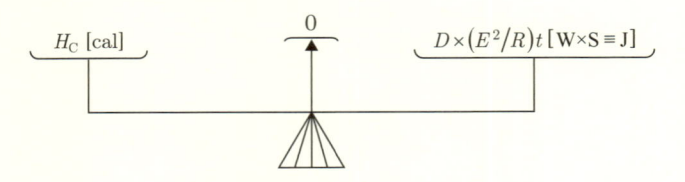

付図2　エネルギー天秤

天秤が平衡になるときの D の数値は，4.18であった．

$$H_C \text{ [cal] } / U \text{ [W·S ≡ J]} = 4.18$$

ただし，$U = I^2 R t = (E^2/R)t$

　以上のことから，[cal] と [W・S ≡ J] は同じ種類のエネルギーであり，計数をかければ同じ量として取り扱うことができる．付図2の単位：ジュール [J] について説明した．

2　理論水力と，理論出力電力量について

【質問】

　水力発電の，水車に作用する水の力について説明せよ．

【答え】

　一般的に質量 M [kg] の物体を移動させるときの「力」 $\equiv F$ [N] は，もっとも基本的な式としてニュートンにより次のように与えられている（図2・2に説明している）．

　移動するときの加速度を α [m/s^2] として，

$$F = M\alpha \quad [\text{N}] \tag{1}$$

　*単位の定義（物理の最も基本的な単位）

　なぜならば，質量1 kgの物体に，毎秒1 m/s^{2}の加速度を与える「力」を1 Nとする．

　さらに，その「力」が作用する「仕事量」 $\equiv F_\text{w}$ は単位の定義により次のような一般式として求められる．ただし，単一の物体が H [m] 移動した場合である．

　*単位の定義

　1 Nの力でその方向に1 m物体を動かしたときの仕事量を1 Jと定義する．したがって，

$$1 \text{ N·m} = 1 \text{ J} = [\text{W·s}]$$

　*[J] はエネルギーの単位である（付録1参照）．したがって，

$$F_\text{w} = M\alpha H \quad [\text{N·m}] \equiv [\text{J} = \text{W·s}] \tag{2}$$

　水力発電では，「力」を持つ水を連続した流れで落下させ，上式に基づく仕事ができる水（ $\equiv$「仕事量」を保有する水）を得て利用している．そこで，付録(2)式をもとに水力発電の連続落水現象の仕事量を考える．

　それには一般的な単一物体落下の付録式の変数を，以下のように連続落水現象の状況を反映したものに拡張し，また連続落水現象を単位時間当たりに区切るなどの工夫が必要である．それらより付録(2)式を展開し，水力発電の「仕事量」算出の式を求める．

(ⅰ)　付録(2)式の変数拡張と式の展開

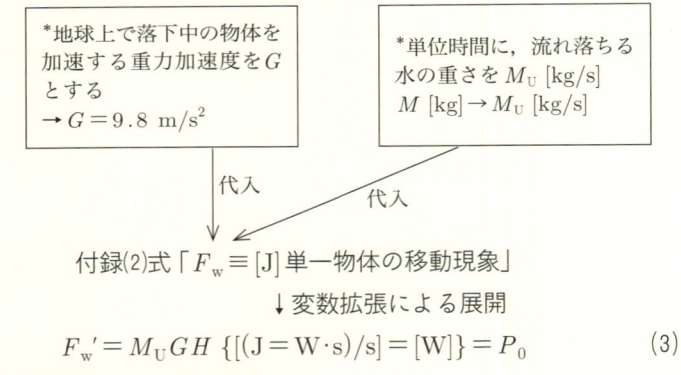

$$F_{\mathrm{w}}' = M_{\mathrm{U}} G H \ \{[(\mathrm{J} = \mathrm{W \cdot s})/\mathrm{s}] = [\mathrm{W}]\} = P_0 \tag{3}$$

(ⅱ)　変数拡張による単位変化

$$\left(\begin{array}{l}変数拡張 [(\mathrm{J} = \mathrm{W \cdot s})/\mathrm{s}] \\ = 仕事量 F_{\mathrm{w}}' \\ (仕事量/時間)\end{array}\right) \xrightarrow{\ 展開\ } \left(\begin{array}{l}連続して流れ落ちる水の \\ 作用力 P_0：(3)式 P_0[\mathrm{W}] \\ (作用する力)\end{array}\right)$$

　*単位の定義：$(\mathrm{J} = \mathrm{W \cdot s})/\mathrm{s} = [\mathrm{W}]$

なぜならば，単位時間当たりのエネルギー≡力（2編図2・5及び図2・6参照）

(ⅲ)　$M_{\mathrm{U}}[\mathrm{kg/s}]$ について

　　　*単位時間に H [m] を流れ落ちる水の量を Q [$\mathrm{m^3/s}$] とする．
　　　　水の密度は $\rho = 10^3$ $\mathrm{kg/m^3}$ である．
　　　*$M_{\mathrm{U}} = \rho Q = 10^3 Q$ $[(\mathrm{kg/m^3}) \cdot (\mathrm{m^3/s})] \equiv [\mathrm{kg/s}]$

付録(2)式に，以上の連続落水現象反映の変数を代入して展開した

ものを $F_\text{w}{}'$ とする．その単位は [J/s] となり，これを連続落水時における作用力 P_0 [W] とする．P_0 は H [m] を含んでいるから，言い換えると高さ「H [m] にある水は P_0 の作用力（単位時間当たりの位置のエネルギー）を保有している」と表現できる．

ここにあらためて作用力 P_0 [W] を整理すると，

$$P_0 = F_\text{w}{}' = \rho Q G H = 9.8 \times 10^3 Q H \ [\text{W}] = 9.8 Q H \ [\text{kW}]$$

$$\text{なぜならば，} \quad \rho = 10^3, \quad M_\text{U} = \rho Q, \quad 10^3 \ \text{W} = 1 \ \text{kW}$$

水力発電：第四重要項目

$$P_0 = 9.8 Q H \ [\text{kW}] \equiv \text{理論水力}$$

以上，数式的理論水力の式を誘導した．

　さらに，理論水力により発電した時間を T [h] として

理論水力 $[\text{kW}] \times T$ $[\text{h}] = 9.8 Q H T$ $[\text{kWh}] \equiv$ 理論出力電力量

　実際の発電所では水車と発電機により発電するのであるから，その装置効率をかけたものが発電所出力電力量となる．

発電所出力電力量＝理論出力電力量 $[\text{kWh}] \times$ 装置効率

ただし，装置効率＝（水車効率 P_w × 発電機効率 P_G），したがって，

発電所出力電力量$[\text{kWh}] = 9.8 Q H T P_\text{w} P_\text{G}$ $[\text{kWh}]$

以上，数式的発電所出力電力量 $[\text{kWh}]$ の式を誘導した．

3 有効落差について

【質問】

付図3において，(a), (b)の場合における有効落差を確定せよ．

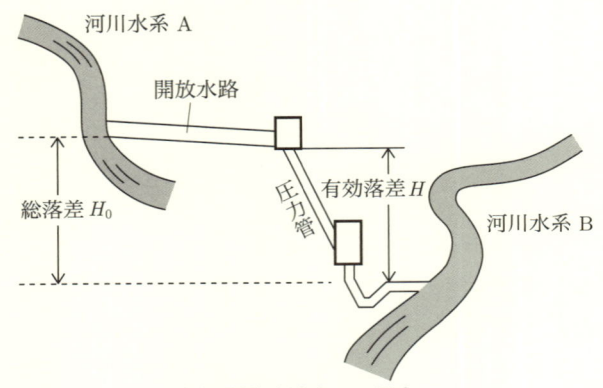

(a) 開放水路含みの場合

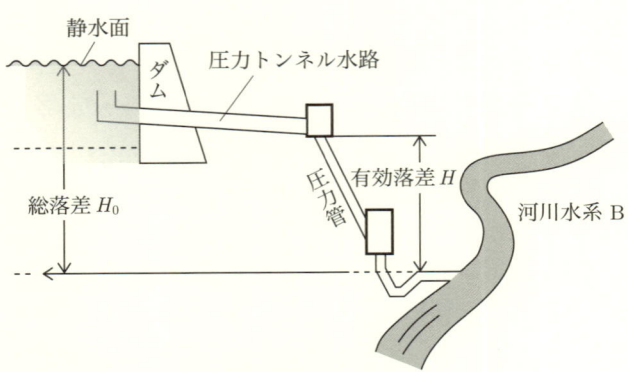

(b) 圧力管水路含みの場合

付図3 有効落差

【答え：(a)の場合】

付図3(a)のような基本的取水の場合を考える（その1）

有効落差は，基本的に圧力管の落差である．ただし現実的には，圧力管のながれにおいて管壁などの摩擦や水の分子間摩擦などによりながれがよどむ場合がある．この場合有効落差は，圧力管落差よりこれらよどみなどによる損失を落差相当に換算して差し引いたものとなる．

ただし，取水路が開放水路の場合は，その傾斜は含まない．

有効格差 ＝（圧力管落差）－（圧力管の損失分落差）

$$H\,[\mathrm{m}] = H_\mathrm{P} - H_\mathrm{L}$$

そして，総落差 $H_0\,[\mathrm{m}]$，取水開放水路の落差 $H_\mathrm{R}\,[\mathrm{m}]$，および圧力管の損失落差 $H_\mathrm{L}\,[\mathrm{m}]$ が判明しているようなときの有効落差 $H\,[\mathrm{m}]$ は次のように求められる．

$$H = H_\mathrm{P} - H_\mathrm{L}$$
$$H_0 = H_\mathrm{R} + H_\mathrm{P}$$

したがって，$H = H_0 - H_\mathrm{R} - H_\mathrm{L}$

【答え：(b)の場合】

付図3(b)のような基本的取水の場合を考える（その2）

有効格差 ＝（圧力管落差）－（圧力管の損失分落差）

同図のようにダムの水面下に取水口を設けて圧力管へ導入しているような場合には，水路が圧力トンネルなので水路分の落差も有効落差に含まれる．この場合の有効落差は次のようになる．

$$H\,[\mathrm{m}] = H_0 - H_\mathrm{LR}$$

ただし，$H_\mathrm{LR} = $ 圧力管損失 H_L ＋ 圧力トンネル損失 H_R

以上，取水口の在り方による，有効落差の確定について述べた．

4 ベルヌーイの定理について

【質問】

　ベルヌーイの式を誘導せよ．

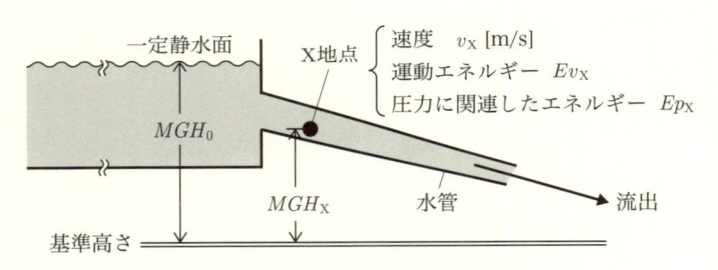

付図4　圧力管内速度と圧力

【答え】

　ベルヌーイの式を考える．

　エネルギーの特性として，エネルギー保存の法則がある．この法則により，ダムの静水面で保有していた位置のエネルギー（2.3参照）は，水管の途中におけるX地点のエネルギー総和に等しいはずである．式で表すと

$$MGH_0 = MGH_X + 運動エネルギー Ev_X$$
$$+ 圧力に関連したエネルギー Ep_X$$

両辺をMGで割ると，

$$H_0 = H_X + (運動エネルギー Ev_X/MG)$$
$$+ (圧力に関連したエネルギー Ep_X/MG)$$

この関係を，ベルヌーイの定理という．あとの付録6，付録8で説明するように，

$$運動エネルギー Ev_X = Mv^2_X/2$$

圧力に関連したエネルギー $Ep_X = MGp_X / \rho$

この関係を、ベルヌーイの定理に代入すると次式が得られる.

$$H_0 = H_X + (H^2_X / 2G) + (p_X / \rho)$$

以上，ベルヌーイの定理の式を誘導した.

5　ベルヌーイの式が成立する場所について

【質問】

　ベルヌーイの式は，流れ出ているパイプのどこの位置でも成立することを示せ.

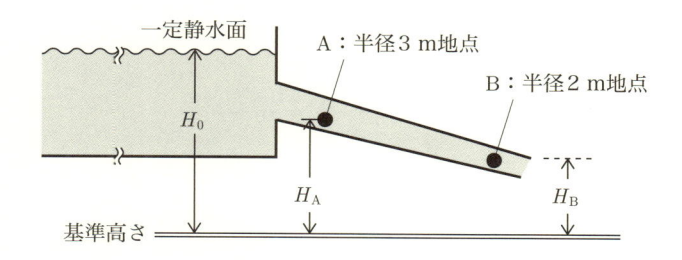

付図5　圧力管内速度と圧力

【答え】

　付図5のA地点とB地点でベルヌーイの式を考える. ただし，付図4の水面や，水管柱の各位置のエネルギー表示を，MG で割った値で表示する.

　A地点の関係式におけるサフィックスをX＝A，さらにB地点の関係式におけるそれをX＝Bとおいて

$$H_0 = H_A + (V^2_A / 2G) + (p_A / \rho) \tag{5}$$
$$= H_B + (V^2_B / 2G) + (p_B / \rho)$$

以上，付図5において，「ベルヌーイの式は流れのどこにおいても成立する」ことを解説した．

6 運動エネルギーについて

【質問】

M [kg] の物体を落下させたとき，t 秒後の落下速度を V_t として，そのとき物体が保有している「運動エネルギー」が，$MV_t^2/2$ であることを説明せよ．

【答え】

付図6のような水の固まりが，ある高さより自由落下したときを考える．ただし，空気抵抗は無視できるものとする．

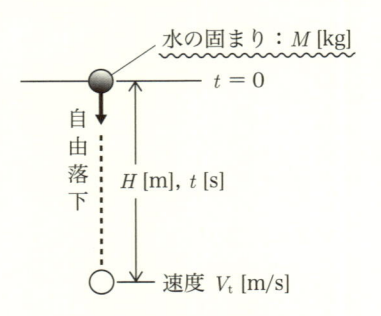

付図6 物体の自由落下

いま，初速度0の自由落下で，重力加速度を G [m/s^2] とすれば，t [s] 後の速度 V_t [m/s] は次式で示される．

$$V_t = Gt \longrightarrow t = V_t/G \tag{6}$$

単位確認：$[\text{m/s}] \equiv [\text{m/s}^2] \times [\text{s}]$

付図7(a)は，付録(6)式の関係を図示したものである．図(b)には，落下距離，速度，および時間の関係を図示している．図(a)において横

軸の落下時間途中に任意の時間 t_k を考え，限りなく微少な時間幅 Δt_k を考えた．そのときの速度を V_k とすれば Δt_k 間に進む距離 ΔH_k は「距離＝速度・時間」より次式となる．

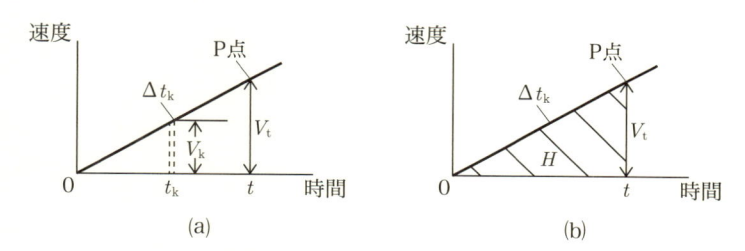

付図7　速度＆落下距離と時間

　図(a)より，$\Delta H_k \fallingdotseq V_k \cdot \Delta t_k$，

$$\sum_1^n \Delta H_k \fallingdotseq \sum_1^n V_k \cdot \Delta t_k \equiv (0\text{-}t\text{-}p) \text{ の面積} \quad\text{—— 図(a)より}$$

$$\therefore H = V_t \cdot t/2 \quad\text{—— 図(b)より}$$

いま，図(a)において，t_k を $0 \sim t$ までに n 個区分し，ΔH_k を集積して H を求める．

付録(6)式を代入して，次式が求められる．したがって，

$$H = V_t^2/2G \tag{7}$$

　一方前に，付図6と同様に M [kg] の水が H [m] 自由落下するときの現象をもとに，理論水力を求めている．その過程で水の保有するエネルギー（位置のエネルギー）F_w [J] を2編(1)式として次のように誘導している．

$$F_w = MGH \text{ [J]} \qquad\qquad\text{本文(1)再掲}$$

　付録(7)式と2編(1)式は，物体が水であるだけでまったく同じ現象をもとに誘導しており，同じ文字の変数は共通のものである．した

がって，付録(7)式を2編(1)式に代入することができる．

$$F_w = MV_t^2/2 \text{ [J]} \tag{8}$$

$\equiv M$ [kg] の水が，速度 V_t [m/s] で落下しているときの，水の固まりが保有する「運動エネルギー」，

すなわち，ジュール[J]は，エネルギーの単位である．

この式の右辺には，重力加速度 G が含まれていないので，移動方向には関係がない．一般式として使用できるのである．

そこで速度 V_t を一般的表示として V，F_w を W の文字をそれぞれ使用し，次のような表現により用いられている．

M [kg] の物体が，速度 V [m/s] で移動しているとき，その物体は下記「運動エネルギー」W [J] を保有している．

$$W = MV^2/2 \text{ [J]} \tag{9}$$

以上，ベルヌーイの定理における運動エネルギーの式を誘導した．

7　速度水頭について

【質問】

速度水頭の式を誘導せよ．

【答え】

付録4で，運動エネルギーの式の誘導を省略した．その運動エネルギーは上に誘導したところの式(9)である．これを代入すると，

$$H_0 = H_X + （運動エネルギー Ev_X/MG）$$
$$+ （圧力に関連したエネルギー Ep_X/MG）$$

$$H_0 = H_X + （V_X^2/2G）$$
$$+ （圧力に関連したエネルギー Ep_X/MG）$$

特に第二項の単位を説明すると，

$$(V_X^2/2G) \longrightarrow [(m/s)^2/(m/s \cdot s)] = [m]$$

となり長さの単位である。この項と「和」の関係にある H_X も当然のこととして長さの単位であり，付図5で示すように水管中の任意の地点X地点における高さを示している。

つまり，H_X と「和」の関係にある第二項（$V^2_X/2\,G$）も同じく高さの物理的意義を持つ。H_0 や H_X が水位の高さを意味するものすなわち水の位置する「てっぺん」として"水頭"と表現されている。とくに，この右辺第二項を速度水頭という。

> 運動エネルギーに関連する第二項は，速度の関数であるから，速度水頭と呼ばれている。

以上，ベルヌーイの定理の速度水頭について解説した。

8　圧力水頭について

【質問】

圧力水頭 Ep_X を求めよ。

【答え】

ベルヌーイの式における各項は単位が同一でなければならない。単位整合の必要性：単位の異なる重さ，長さ，体積などを加算（または，減算）することはできない。

ここで各項の単位を検討する。ベルヌーイの式ではパイプ中を流れる水を対象としているので，水の重さを単位時間当たりの重さとして考える。つまり，単位時間に $M_U[\text{kg/s}]$ の水の固まりが隙間無く連続して流れていると考える。ベルヌーイの式における左辺各項 E_0 と右辺 E_X は位置のエネルギー，Ev_X は運動エネルギー，そして Ep_X は圧力に関連したエネルギーである。これらは，すべて同じ単位である。

(i) 圧力関連のエネルギーEp_Xを検討

　流れる水をある単位時間の水の固まり M_U [kg/s] だけに注目して，それぞれのエネルギーを考える．

　いま，流量を Q [m³/s]，水の密度 ρ [kg/m³] とすれば，

$$M_U \, [\text{kg/s}] = \rho Q \, [(\text{kg/m}^3) \cdot (\text{m}^3/\text{s})] \equiv [\text{kg/s}]$$

各項の単位を，2編(1)式，および付録6節より求める．

$$E_0 = M_U G H_0 = \rho Q G H_0 [(\text{kg/s}) \cdot (\text{m/s}^2) \cdot (\text{m})] \equiv [\text{kg} \cdot \text{m}^2/\text{s}^3]$$

$$E_X = M_U G H_X = \rho Q G H_X [(\text{kg/s}) \cdot (\text{m/s}^2) \cdot (\text{m})] \equiv [\text{kg} \cdot \text{m}^2/\text{s}^3]$$

$$Ev_X = M_U V^2_X/2 \, [(\text{kg/s}) \cdot (\text{m/s})^2] \equiv [\text{kg} \cdot \text{m}^2/\text{s}^3]$$

$$Ep_X = K \cdot p_X \equiv [\text{kg} \cdot \text{m}^2/\text{s}^3] \longleftarrow \text{同じ単位になるはず}$$

ただし K は，単位整合から見て乗じられているはずの物理量

(ii) 物理量Kの検討

　Ep_Xのエネルギーは，他の項と同じ単位であるはずである．Kの単位を検討する．圧力p_Xの単位を $[\text{kg/m}^2]$ とする．

　$[K\text{の単位}] \times [\text{kg/m}^2] \equiv [\text{kg} \cdot \text{m}^2/\text{s}^3]$，したがって，

　$[K\text{の単位}] \equiv [\text{m}^4/\text{s}^3] \equiv [(\text{m}^3/\text{s}) \cdot (\text{m/s}^2)]$

　この単位からみて，いま問題としている水流関連の物理量の中から K を次のように想定できる．

　単位 $[(\underline{\text{m}^3/\text{s}}) \cdot (\underline{\text{m/s}^2})]$ の物理量 $\longrightarrow$ $\{K = \underline{Q} \cdot \underline{G}\}$，したがって，

$$Ep_X = Q \cdot G \cdot p_X = M_U G p_X / \rho$$

　　なぜならば，$M_U = \rho Q$

以上が，図2・10のエネルギー天秤のところで示した，圧力関連エネルギー Ep_X の成り立ちである．

9 ベルヌーイの式における圧力の単位について

【質問】

本文におけるベルヌーイの式では，圧力水頭の圧力単位を p_X [kg/m^2] としている．圧力の単位が p_X [N/m^2] であるときのベルヌーイの式を示せ．

【答え】

ニュートン [N] と，重さ [kg] との関係は次のように定義されている．

G：変換係数

ニュートンの数値 ＝ 重量1キログラムの数値 × G

p_X [N/m^2] ＝ $G \cdot p_X$ [kg/m^2]，したがって，

p_X [kg/m^2] ＝ p_X [N/m^2] $/G$

付録4節「ベルヌーイの定理」で示したベルヌーイの定理の式においては，圧力水頭を，p_X [kg/m^2] の単位で示しており，次式となった．

$$H_0 = H_X + (V^2_X/2G) + (p_X/\rho)$$

この式に，上に示した圧力単位 [N/m^2] との関係を代入すれば，次のように表される．したがって，

$$H_0 = H_X + (V^2_X/2G) + (p_X/\rho G)$$

以上，ベルヌーイの定理の式における，圧力水頭の単位を [N/m^2] としたときの圧力水頭について検討した．

10 ベルヌーイの式における，各水頭配置について

【質問】

ベルヌーイの式を検討するときのモデル図で，中空円柱になぜ各種水頭が表れるのであろうか．また，なぜ速度水頭が水柱の上方に

表れるのかを説明せよ.

【答え】

いま，中空円柱を流出管の $X = Z$ 地点に設置したとする．そして流出管の先端を閉鎖したとする（付図8）.

次にベルヌーイの各水頭の位置を示した図2・11において，付図4のように水流が停止している場合は速度 $V_Z = 0$ であるから，速度水頭の項がなくなり，ベルヌーイの式は次のようになる.

$$H_0 = H_Z + p_{Z0}/\rho, \quad \text{したがって}$$
$$H_0 - H_Z = p_{Z0}/\rho \equiv Hp_{Z0} \quad \longleftarrow \quad \text{水が止まっているとき}$$
$$Hp_{Z0} : \text{圧力水頭}$$

中空円柱を立てたZ地点には圧力 p_{Z0} が存在し，ダムの水圧により当然図のような高さの水柱 Hp_{Z0} が表れる．上式よりダム水面の位置の水頭からZ地点の位置の水頭を差し引いたものが Hp_{Z0} であるから，この関係からも圧力水頭は図のようになる.

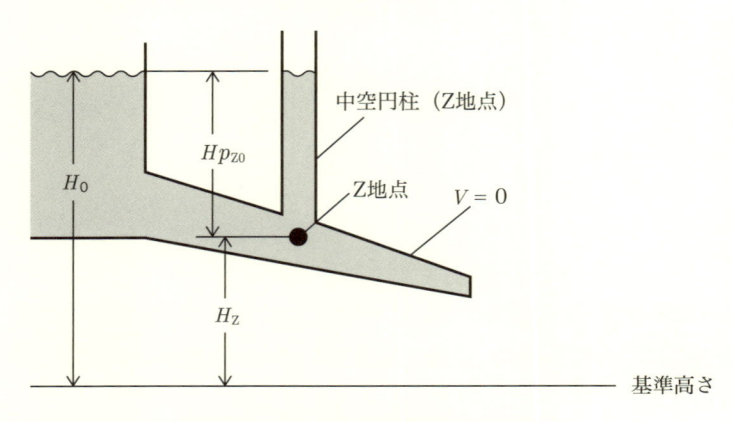

付図8　ベルヌーイの式における水頭

　次にベルヌーイの各水頭の位置を示した図2・11において，付図4のように水流が停止している場合は速度 $V_Z = 0$ であるから，速度水頭がなくなり，ベルヌーイの式は次のようになる．

$$H_0 = H_Z + p_{Z0}/\rho$$

$$\therefore \ H_0 - H_Z = p_{Z0}/\rho \equiv Hp_{Z0} \ \longleftarrow \ 水が止まっているとき$$

　中空円柱を立てたZ地点には圧力 p_{Z0} が存在し，ダムの水圧により当然図のような高さの水柱 Hp_{Z0} が表れる．上式よりダム水図の位置の水頭からZ地点の位置の水頭を差し引いたものが Hp_{Z0} であるから，この関係からも圧力水頭は図のようになる．

　次に，流れが生じた場合を考える．

　「流速が生じると，圧力水頭は流れに引かれて下へ引き込まれる」

$$Hp_{Z0} - Hv_Z = Hp_Z, \ したがって$$

$$Hp_{Z0} = Hv_Z + Hp_Z$$

　この関係を，前ページの水が止まっているときの式に代入すると，水が流れているときのZ地点における次のベルヌーイの式が求められる．したがって，

$$H_0 - H_Z = Hv_Z + Hp_Z \ \longleftarrow \ 水が流れているとき$$

ブロックの流れにまとめると，次のようになる．

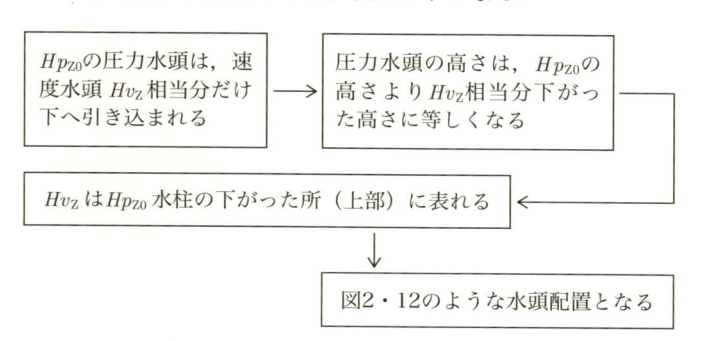

以上，図2・14における，各水頭の配置を説明した．

11 [ベルヌーイの式]×ρ における各項の単位

【質問】

ベルヌーイの式

$$H_0 = H_X + (V_X^2/2G) + (p_X/\rho)$$

の各項に，ρ [kg/m³] を掛けたときの単位を確認せよ．

【答え】

ベルヌーイの式に ρ を掛けて，位置の水頭 H_X を左辺に移動する．

$$\rho H_0 - \rho H_X = \rho (V_X^2/2G) + p_X$$

単位の確認

圧力 pX に対して「和算」できる項であるから，当然各項は圧力の単位であるはずである．上式において

左辺第1項および第2項の単位 $\equiv$ [kg/m³]·[m] $\equiv$ [kg/m²] $\equiv$ 圧力

以上が，[ベルヌーイの式] ×ρ における各項の単位は圧力 [kg/m²] である．

12 超音波による流量測定の計算式について

【質問】

超音波による流量測定の計算式について考えよ．

【答え】

付図9のように，流体が均一な速度 V [m/s] で流れている．両側に超音波の発信装置Aと受信装置Bを設置し，発信から受信までの時間 T_A [s] を測定する．次に発信器と受信器を入れ替えて同様の時間 T_B [s] を測定する．ただし，L は流れの中である．

測定した T_A，および T_B により，流速 V [m/s] を求める．い

ま，流体中の超音波伝搬速度を C [m/s] とする．V_C は，流速 V の超音波伝搬速度方向の速度成分である．

$$V_C = V\cos\phi$$

超音波の発信器と受信器を入れ替えたときの伝搬速度 C は，下の式のように V_C 分の和と差の関係で影響を受ける．

$$C = (L/T_A) - V\cos\phi$$
$$C = (L/T_B) + V\cos\phi$$

なぜならば，

$$L = (C + V\cos\phi)\cdot T_A$$
$$L = (C - V\cos\phi)\cdot T_B$$

両式の右辺を等価とおいて，

$$(L/T_A) - V\cos\phi = (L/T_B) + V\cos\phi,\ \ \text{したがって}$$
$$V = L\{(1/T_A) - (1/T_B)\}/2\cos\phi \quad （2編式(11)再掲）$$

以上，超音波による流量測定法における速度算出の式を誘導した．

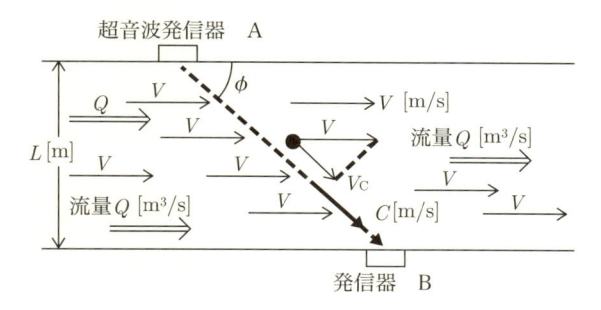

付図9　超音波流速計の測定原理図

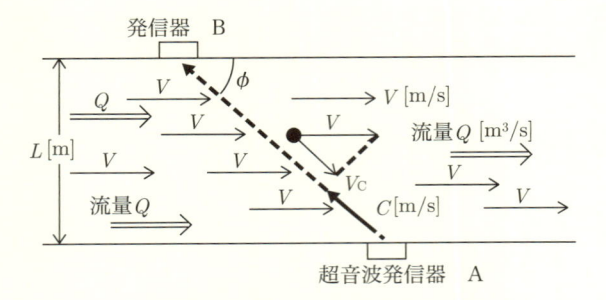

付図9　超音波流速計の測定原理図のつづき

13　超音波流量測定器の設置角度について

【質問】

　パイプ内をほぼ一様と見なせる流体の流れがある．その流速を超音波計測計で測定しようとしている．発信器と受信機のむすぶ直線と，流れ方向の角度を$\phi = 45°$に設置できた．速度V [m/s] を知る計算式を示せ．ただし，発信 → 受信の時間差は，流れに沿う方向の計測のときT_A [s]，流れに逆らう方向の計測のときT_B [s] とする．

【答え】

　三角関数の関係により

$$\cos \phi = \cos(\pi/4) = 1/2$$

これを，2編⑾式に代入すれば，下記のように簡単な式が得られる．

$$V = L\{(1/T_A) - (1/T_B)\} \qquad （本文の2編⑿再掲）$$

以上，超音波による流量測定法における設置角度について検討した．

14 速度水頭急変による圧力管内圧力と流量の関係について

【質問】

圧力管を出口付近で瞬時閉鎖したとき発生する圧力変化が，流量 Q [m³/s] にどのような影響を受けるかを調べよ.

【答え】

図2・11に示したように，圧力管出口で流れを急にせき止めたとき，運動エネルギーに基づく速度水頭が高圧発生源となることを説明した.

付録11において [ベルヌーイの式] $\times \rho$ としたときの，右辺第二項「速度水頭」に関する項の単位は，

「速度水頭」にもとづく項 $\equiv \rho(V^2 / 2G)$

単位の確認 $\rightarrow$ [(kg/m³)(m²/s²)/(m/s·s)] $\equiv$ [kg/m²] $\equiv$ 圧力

したがって，「速度水頭」に関連した水流が押し寄せると当然のこととして圧力が高められる. 出口付近の圧力管断面積を A [m²] として，速度 V [m/s] の関係は，

$$V = Q/A$$

上の両式により，流量 Q が影響する圧力の式は，

「速度水頭」にもとづく圧力 $\equiv \rho(Q^2/2A^2G)$

したがって，「速度水頭」にもとづく圧力は流量 Q の二乗で影響を受ける.

以上，水流管における高圧力発生の流量の影響を説明した.

15 圧力管内の振動性圧力発生の可能性

【質問】

　水が流れている圧力管先端で急に閉鎖したとき，過渡的に振動性圧力変化のサージが表れる可能性を検討せよ．また，現象を，単純なモデルに置き換えて，数式的に説明せよ．

【答え】

　水にはわずかの伸縮性がある．このため圧力管先端で閉鎖弁などにより急に水流をせき止めた場合，管内全体で水の流れが停止するまでにわずかの時間がかかる．つまり，閉鎖弁直前の位置においては速度 $V = 0$ となっても，わずかに上方の水は $V \neq 0$ である．

　つまり，すでに停止した閉鎖弁直前の水へ，運動エネルギーを保持している上方の水が，速度を変化しながら一気に押し寄せてくる過渡的時間帯が存在する．

　要するに，付録4等で取り扱っているベルヌーイの式では，右辺の各項は時間的に変化しないとして取り扱っている．

　しかし，急に水流をせき止めるような場合，止まるまでにわずかではあるが時間がかかると思うと，この時間帯における速度水頭や圧力水頭に関係する項は，変化していると考えるのが自然であろう．

　要するに，過渡現象の存在である．そこで上式右辺の各項を，時間的変数と考える．左辺は位置的なもので時間的には変化しない．

$$\rho H_V \rightarrow \rho H_V(t)$$

$$p_X \rightarrow p_X(t)$$

　この時間帯の様子を考察するのに，付図10(a)に示すように単純なモデルの置き換えを試みる．もちろん実際はこのように単純に表せるものではないが，過渡的現象を理解するための試みである．

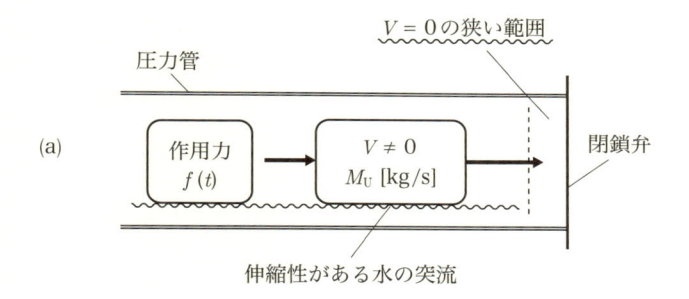

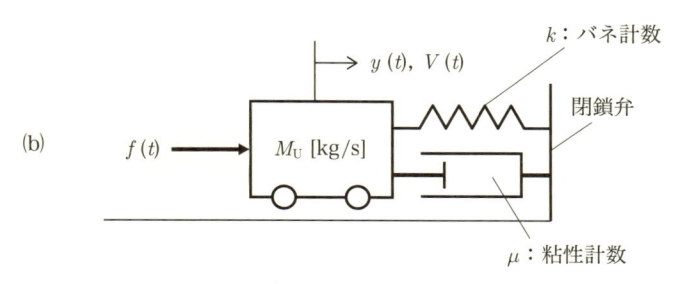

付図10　圧力管の圧力変動の類似モデルとその系

(a)のモデルでは，閉鎖弁直前に $V=0$ の狭い範囲が存在し，そこへわずか前方より M_U [kg/s] の水の固まりが $f(t)$ の作用力で押し寄せた状態を表している．

　質問では振動性現象の説明を求めているので，図(a)のモデルを基本的な振動性の系に置き換えて数式化する．いささか我田引水的ではあるが，(b)がこの現象に類似している系であるとみなすことにする．

　いま，$f(t)$ の作用力で単位時間当たり M_U [kg/s] の水が $y(t)$ [m]だけ移動し，そのときの速度を $V(t)$ [m/s] とすれば，系における力のバランスは，次のような式で表せる．

$$M_U(dV/dt) + \mu V(t) + ky(t) = f(t)$$

$$M_\mathrm{U}(\mathrm{d}^2 y(t)/\mathrm{dt}^2)+ \mu(\mathrm{d}y(t)/\mathrm{dt})+ky(t)=f(t)$$

それぞれの項の初期値を0として，ラプラス変換すると，

$$M_\mathrm{U}Y(s)S^2+ \mu Y(s)S+k Y(s)=F(s)$$

$$\{S^2+(\mu/M_\mathrm{U})S+(k/M_\mathrm{U})\} Y(s)=F(s)/M_\mathrm{U}$$

$$Y(s)/F(s)=(1/M_\mathrm{U})/\{S^2+(\mu/M_\mathrm{U})S+(k/M_\mathrm{U})\}$$

この式を，伝達関数表現のブロック線図で示すと，次の図となる．

$$\xrightarrow{F(s)}\boxed{(1/M_\mathrm{U})/\{S^2+(\mu/M_\mathrm{U})S+(k/M_\mathrm{U})\}}\xrightarrow{Y(s)}$$

この式を，伝達関数表現のブロック線図で示すと，次の図となる．

$$\xrightarrow{F(s)}\boxed{KB^2/\{S^2+2ABS+B^2\}}\xrightarrow{Y(s)}$$

あとの式の取り扱いを考えて，次のように新たな定数を定めブロックの伝達関数を書き換える．

$$\begin{cases} A= \mu/2(kM_\mathrm{U})^{0.5} \\ B=(kM_\mathrm{U})^{0.5} \\ K=1/k \end{cases}$$

$$(\mu/M_\mathrm{U})=(2A(kM_\mathrm{U})^{0.5}/M_\mathrm{U})=(2A(k/M_\mathrm{U})^{0.5}=2AB$$

$$1/M_\mathrm{U}=(k/M_\mathrm{U})\cdot(1/k)=B^2K$$

ここで，式の簡略化のため $K=1$ の場合を考える．

水の動き $y(t)$ は $F(s)$ にステップ状の変化を加えて $Y(s)$ を求め（ステップ応答），次式のように逆変換すれば求められる．

$$y(t)=L^{-1}[Y(s)]$$

ステップ応答は，入力として $F(s)=1/S$ を加えることでありブロック線図では次のように表す．

$$\xrightarrow{F(s)}\boxed{1/S}\longrightarrow\boxed{B^2/\{S^2+2ABS+B^2\}}\xrightarrow{Y(s)}$$

$$Y(s)=(1/S)[B^2/\{S^2+2ABS+B^2\}]$$

右辺を部分分数に展開すると，

$$Y(s)=(1/S)-[(S+2AB)/\{S^2+2ABS+B^2\}]$$

$Y(s)$ を逆変換して

$$y(t)=L^{-1}(1/S)-L^{-1}[(S+2AB)/\{S^2+2ABS+B^2\}]$$

逆変換の計算は煩雑であり参考書を示すにとどめるが，ある条件のとき，次のように与えられている．

$$y(t)=1-\{B^2+(1-A^2)^{0.5}\}e^{-ABt}\sin B(1-A^2)^{0.5}\cdot t$$

この式の概略を図示すると，

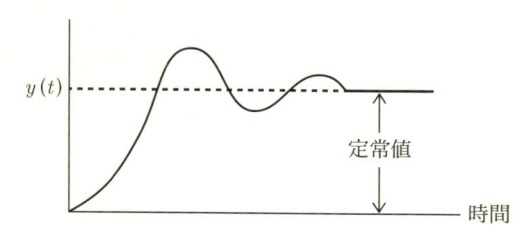

付図11　ステップ応答の概略図

条件によるが「$y(t)$ は過度的に，振動しながら定常値をオーバーして変化を示す場合がある」ことがわかる．

そして $y(t)$ の変化は，閉鎖弁付近でベルヌーイの定理における速度水頭や圧力水頭にそれぞれ影響を及ぼす．

$$\rho H_V = \rho V(t)^2/2G$$

$$V(t)=\mathrm{d}\{y(t)\}/\mathrm{d}t$$

つまり，「$y(t)$ に左右される速度の二乗で左右される速度水頭の圧力相当分 ρH_V の振動を引き起こす．

2.12において，ダムの水面の位置エネルギーは時間的な変化がない．X 地点の水頭が時間的に変化すれば，当然のこととして圧力水

頭 p_X も時間的に変化する.

$$\rho H_0 - \rho H_X = 一定値 = \rho H_V + p_X$$

| 過度的に振動する場合がある | 結果として時間的に変化 |

結局，定性的に過ぎないが下記のようにまとめられる.

$$\left\{\begin{array}{c} y(t)\ が \\ 振動する \end{array}\right\} \longrightarrow \left\{\begin{array}{c} 速度\ v\ が \\ 振動する \end{array}\right\} \longrightarrow \left\{\begin{array}{c} \rho H_V\ が \\ 振動する \end{array}\right\} \longrightarrow \left\{\begin{array}{c} 圧力\ p_X\ が \\ 振動する \end{array}\right\}$$

以上，図2・12の振動的圧力発生の可能性について説明した.

16　波力による回転重りの加速について

【質問】

　図3・39の風力・波力複合利用の基本構造において，波力重畳部の回転重り加速を説明せよ．また複合部Cのはずみ車の機能についても説明せよ．

【答え】

　まず風力のみが複合装置に加えられているところに，寄せ波が到来し，次に引き波が到来するとして説明する.

波力エネルギーによる装置回転数の加速

① 風力により基本的回転＋寄せ波の到来

　・風力により回転重りが付いている傘機構が回転し，遠心力により傘機構が開く.

　　「回転重りの横方向回転半径 R が小→大へ変化」

　　そのとき下部複合部Cは，風力のみによる回転となる.

　・寄せ波により波力駆動部Dが下がる→傘機構が開く

　　「回転重りの横方向回転半径 R が小→大へ変化」

・この間G1, G2, G3, いずれも動作する.

② 次に引き波が到来し, ブイが下がるときを考える

ブイが下がると波力駆動部Dに引き上げの力が作用し, 傘部が閉じる方向に動作する.

「回転重りの横方向回転半径 R が大→小へ変化」

↓

「横方向回転半径 R が小さくなれば傘機構（回転重り）の回転数 N が大きくなる」≡「引き波により回転重りの横方向回転数 N が加速される」

↓ 以下の*に, 理由説明

傘機構部の回転数＞下部複合部Cの風力のみによる回転数

↓

G3が作動→このときG2は空転

↓

下部複合部Cの回転を加速

↓

はずみ車Hは, 波力・風力を複合したエネルギーによる回転数となる.

以上, 回転重り半径縮小の回転数加速について説明した.

*回転重りの回転半径 R と回転数 N の関係を検討

横方向に回転する回転重り M [kg] の回転半径を R [m], 速度を V [m/s] とすれば, 回転重りの運動エネルギー Wa は次のように表される（図1・22参照）.

回転重りの横方向回転数を N [回転数/s]≡[rps] とすれば

$$Wa = MV^2/2$$
$$V = 2\pi RN \ \text{[m/s]}$$

$$Wa = M(2\pi R N)^2/2$$
$$N = (1/R)(Wa/2M\pi^2)^{1/2}$$
$$N = f(1/R)\ [\text{rps}]$$

「横方向回転半径 R が小さくなれば，回転数 N が大きくなる」
　　　≡「引き波により横方向回転数 N が加速される」

参考文献

[1]　経済産業省：『エネルギー白書2015』，経済産業省，2015，p98

[2]　経済産業省：『エネルギー白書2015』，経済産業省，2015，p234

[3]　『原子力ポケットブック　2012年版』，電気新聞，2012，p33

[4]　『原子力ポケットブック　2012年版』，電気新聞，2012，p3

[5]　『原子力ポケットブック　2012年版』，電気新聞，2012，p15

索　引

おわりに

"水"は，生命の維持に絶対必要なものであり，加えて人間社会の高度化に有効な，多くの機能を秘めている．そして，水 は国産のエネルギー資源であり，しかも利用において環境汚染物質を発生することがないのがなによりである．

資源脆弱国の日本にとってこれほどありがたいエネルギー資源は水をおいて他にはない．

本書では，水をエネルギー資源として利用している水力発電について述べたが，あらためて 水の威力 を再認識させられた．ただし我々が知恵により，このエネルギーをコントロールできている場合にのみ 水 は有効に威力を発揮してくれる．

コントロールのできていない自然の猛威（台風，地震，津波など）はすざましい!! 原子力発電所までも破壊してしまう．

なお本書では，小水力エネルギーとして海洋エネルギーを取り上げている．今のところ，日本初の波力発電所が稼働したに過ぎないが，電力事情に余裕のない我が国としては取り組まなければならない資源である．

また，未開発分野に注目することは，創造力涵養に有効である．"できる，できない"は 別として，若い方たちが，

> "こんなことはできないのかな？"

と，頭に浮かべていただくだけで，本書の価値に重みが加わるのである．

令和元年11月　著者記す

~~~~~ **著 者 略 歴** ~~~~~

橋口　清人（はしぐち　きよと）

学歴　　同志社大学　工学部　電気工学科卒業
　　　　工学博士（同志社大学）

現在　　米子工業高等専門学校　名誉教授
　　　　和歌山工業高等専門学校　名誉教授

　　　　叙勲　瑞寶小綬章

　　　　電気加工学会　倉藤賞
　　　　電気加工学会　論文賞

松原　孝史（まつばら　たかし）

学歴　　岡山大学　工学部　電気工学科卒業
　　　　博士（工学）（岡山大学）

現在　　米子工業高等専門学校　名誉教授

©Kiyoto Hashiguchi，Takashi Matsubara 2019

スッキリ！がってん！　小水力発電の本

2019年11月28日　　第1版第1刷発行

著　者　橋口　清人
　　　　松原　孝史
発行者　田　中　久　喜

発　行　所
株式会社　電気書院
ホームページ　www.denkishoin.co.jp
（振替口座　00190-5-18837）
〒101-0051　東京都千代田区神田神保町1-3 ミヤタビル2F
電話(03)5259-9160／FAX(03)5259-9162

印刷　中央精版印刷株式会社
Printed in Japan／ISBN978-4-485-60032-0

・ 落丁・乱丁の際は，送料弊社負担にてお取り替えいたします．